本書出版特邀根本二為全面孜敖

掞朱屬飲此出里程碑的历史恃貢献、

要高鹿柔諄

爲賀差鳿马代著名書法家邪琦書

现代腐蚀学——腐蚀控制模板

任振铎　主编

科 学 出 版 社

北 京

内 容 简 介

本书凝聚了国内外腐蚀与腐蚀控制领域的企业家、科研人员和专家的智慧，从现代化角度全面系统地对腐蚀问题进行了详细的阐述。全面系统地介绍了腐蚀的特性、危害及其来源，腐蚀控制的发展概史、腐蚀工程、腐蚀控制模板等有关问题，并制定了国际腐蚀控制工程全生命周期标准化的主体标准和保障标准体系，并在此基础上加以理论升华总结。书中也特别提出了实现智能化的现代化管理的要求，把腐蚀控制工作的管理推向了现代化。

本书可供从事腐蚀工作的从业人员阅读，也可供工业部门和企业管理人员参考。

图书在版编目（CIP）数据

现代腐蚀学：腐蚀控制模板 / 任振铎主编. -- 北京：科学出版社，2025.2.
ISBN 978-7-03-081309-1

Ⅰ．TG171

中国国家版本馆 CIP 数据核字第 202590EG80 号

责任编辑：杨新改 / 责任校对：杜子昂
责任印制：徐晓晨 / 封面设计：东方人华

科 学 出 版 社 出版

北京东黄城根北街 16 号
邮政编码：100717
http://www.sciencep.com

三河市春园印刷有限公司印刷

科学出版社发行　各地新华书店经销

*

2025 年 2 月第 一 版　开本：720×1000　1/16
2025 年 2 月第一次印刷　印张：13 1/4
字数：265 000

定价：98.00 元
（如有印装质量问题，我社负责调换）

《现代腐蚀学——腐蚀控制模板》
编委会

序 一

　　值此《现代腐蚀学——腐蚀控制模板》出版之际，谨向中国腐蚀控制技术协会的广大员工表示热烈的祝贺！

　　中国化工防腐蚀技术协会成立于改革开放的初期，2004 年 8 月更名为中国工业防腐蚀技术协会，2021 年 6 月更名为中国腐蚀控制技术协会。

　　化学工业是腐蚀问题最突出的行业之一，腐蚀是否能够得到有效防控，关乎化工装置的寿命和安全，对于化工行业的发展至关重要。随着国民经济各行各业的高质量发展，腐蚀控制也从过去的辅助性、附属性、服务性的位置，发展成为我国经济建设中独立存在、不可或缺的战略性新兴产业。当前，在国民经济发展迈入高质量发展的新阶段，腐蚀控制不仅在推进资源节约、环境保护及生产安全方面发挥越来越重要的作用，而且正在成为产业转型升级打造新质生产力的核心要素之一。

　　《现代腐蚀学——腐蚀控制模板》一书从认清腐蚀的本质切入，对腐蚀及其特性进行了深刻剖析，提出了从根本上全面有效控制腐蚀的"矛"和"盾"的两大工程，并最终形成腐蚀控制模板框架，为从根本上全面控制腐蚀，达到腐蚀控制的最佳效益，杜绝或避免安全、环保等重大事故的发生，提供了解决方案。此书也是中国腐蚀控制业在世界腐蚀控制领域从跟跑到并跑直至领跑的生动写照，也是我国化学工业技术科学至上、技术创新、从无到有、由弱变强并最终跻身世界一流水准的具体缩影。

　　希望本书的出版，能够激发全社会对腐蚀控制的更加重视，对于业界解决腐蚀控制问题起到积极推动作用；也希望中国腐蚀届的广大从业员工以建设生态文明和美丽中国为己任，继续坚持市场化、职业化、专业化、国际化之路，加速绿色防腐、科技防腐、智慧防腐的发展步伐，践行"腐蚀控制中国梦"新路径，为世界腐蚀控制业作出自己新的更大的贡献。

顾秀莲

第十届全国人大常委会副委员长、原化学工业部部长

2024 年 10 月 30 日

序　二

在人类的生产生活中，腐蚀现象如影随形，它悄然侵蚀着金属、建筑、设备等，给经济发展和社会稳定带来巨大的挑战，而本书的诞生犹如一盏明灯照亮了我们对腐蚀控制的前行之路。

腐蚀问题广泛存在于各个领域，从工业生产中的机械设备到日常生活中的基础设施，无一不受到腐蚀的威胁，它不仅仅造成了巨大的经济损失，还可能引发安全隐患，影响人们的生活质量和生命安全。因此，腐蚀控制技术的研究与应用具有极其重要的现实意义。

本书的作者以其深厚的专业知识和丰富的实践经验，系统地阐述了腐蚀控制技术的原理、方法和应用。从腐蚀的机理入手，深入分析了各种腐蚀因素的作用，为读者提供了坚实的理论基础。同时，详细介绍了多种腐蚀控制技术，让读者能够全面了解不同技术的特点和适用范围。

在内容编排上，本书注重理论和实践的结合。通过大量的实际案例和实验数据，生动地展示了腐蚀控制技术的应用效果和实际价值。此外，还对腐蚀控制技术的发展趋势进行了展望，为读者提供了前瞻性的思考。

此书的出版不仅是一部简单的科普读物，更重要的也是一部从事腐蚀职业的指导书，它从根本上全面有效控制腐蚀、无效报警、及时采取措施，杜绝或避免重大安全环保等事故发生，是一部可靠的腐蚀控制工程科技的模板。

《现代腐蚀学——腐蚀控制模板》为石油化工、核电以及全国、全世界针对腐蚀的控制提供了有用、有效、可靠、保险的对策，真正做到让人心中有数、有底。

　　因此，对石油化工及核电工业质量的发展具有重大的意义！我们希望学习宣传大力推广应用。

李勇武

原化学工业部副部长

2024 年 12 月

序 三

　　我从 2011 年进入中国腐蚀控制技术协会，从事腐蚀控制标准化工作，亲历了国际腐蚀控制工程全生命周期标准化工作从提出、起步、推进，到今天初步取得收获的整个过程。腐蚀控制工程全生命周期理论研究、应用、标准化工作取得今天的进展，实属来之不易。

　　腐蚀并不是新问题，但腐蚀问题始终困扰人类社会，并造成经济损失，引发安全事故，引起环境污染。为了从根本上全面有效控制腐蚀，任振铎会长带领协会在解析、总结众多实践案例和相关理论的基础上，提出了腐蚀控制工程全生命周期理论研究、应用和标准化，并从标准入手，联合美国提出了申请成立国际腐蚀控制工程全生命周期标准化技术委员会的提案。2016年，国际标委会获批成立，并由中国担任秘书国；2017 年，由我国主导提出的首批三项国际标准提案获批立项，截至目前，已成功立项六项国际标准；2020 年，首批三项国际标准通过批准，成功向全球发布出版，截至目前，已有四项国际标准发布出版。2017 年至今，每年一次，成功组织召开了 8 次标委会全会。在这一个个里程碑式的成果背后，充满了无数艰辛的努力。海量材料的收集整理，每个提案材料反复地修改完善，与国际标准化组织（ISO）专家和国际专家来回的邮件沟通，线上、线下反复的交流游说，每次会议前中国代表团的精心筹划、准备，会议上代表中国的统一发声……正是通过这些琐碎繁杂的工作，不懈的坚持，我们才完成了一次次不可能的突破，不断向前推进。也正是在这一过程中，经过与国内、国际专家的不断碰撞、交流，腐蚀控制工程全生命周期理论、应用和标准化不断完善，最终由任会长提炼形成了《现代腐蚀学——腐蚀控制模板》的核心。

　　《现代腐蚀学——腐蚀控制模板》从认清腐蚀的本质这一角度切入，对腐蚀及其特性进行了深刻剖析，在此基础上有针对性地提出了从根本上全面有效控制腐蚀的"矛"和"盾"的两大工程，并最终形成腐蚀控制模板的框架，为从根本上全面控制腐蚀，达到腐蚀控制的最佳效益，杜绝或避免安全、环保等重大事故的发生，提供了解决方案。相信本书的出版对于我国乃至世界范围内解决腐蚀问题能够起到积极的指导，可作为腐蚀控制工作的指南，也希望本书能够唤起全社会对腐蚀的重视，群策群力，共同面对腐蚀，共同为解决腐蚀问题贡献出力。

王 昊

国际腐蚀控制工程全生命周期标准化技术委员会（ISO/TC156/SC1）秘书

2024 年 12 月

序　四

在浩瀚的宇宙中，地球一经诞生，造物主就同时创造了阳光、空气和水，以及各类宇宙物质，由此与人类在地球上创建的各类事物相互作用，同时也带来了各类腐蚀。腐蚀与人类生活息息相关，形影不离，便使腐蚀与人类的腐蚀控制的活动成了一对不共戴天的冤家。

人类同腐蚀的斗争，历经几千年来的不断求索认识，苦苦研发，已积累了一系列单一性、局部性的一物降一物的专业技术及其相应标准等资源的科技成果，在减少腐蚀给人类造成的危害中发挥了极其重大的作用。但是，国内外一系列重大的人身伤亡、巨大的财产损失、环境污染还在不断地发生，经反复论证不是出在上述这些资源的科技成果的本身，而是已有因素没有得到应有的控制。

中国腐蚀控制技术协会是为适应腐蚀控制行业阶段性发展的需要，逐步从1984年开始筹建到正式成立的中国化工防腐蚀技术协会后又更名为中国工业防腐蚀技术协会，如今又再次变更为现在的名称。协会成立之初，即首次提出了"全面腐蚀控制"的理论（五个方面，四个环节），一直紧紧围绕"全面腐蚀控制"理论、定位、职责、任务，在奋力推行全面腐蚀控制事业的发展。其间还成立了全国腐蚀控制标准化技术委员会（SAC/TC381）和国际腐蚀控制工程全生命周期标准化技术委员会（ISO/TC156/SC1）。

中国腐蚀控制技术协会原会长、名誉会长，国际腐蚀控制工程全生命周期标准化技术委员会（ISO/TC156/SC1）中国专家组常务组长，本领域的资深专家任振铎长期以来主持协会的工作。他在协会成立近四十年的工作中，认真、深入、全面地从纵观、宏观有关腐蚀和腐蚀控制的历史、现状进行了回顾和总结，并在此基础上创造性地提出了腐蚀控制工程全生命周期理论研究、应用及其标准化的理念，并在揭示"腐蚀""工程"的本质、对"腐蚀""工程"的定义上，提出了"腐蚀是一项极为特殊而伟大工程"的定位，使人们对腐蚀的一些模糊概念得到了澄清。唤起了人们直面腐蚀、直白腐蚀，清醒地认识到腐蚀是一项"工程"，是一项有"特殊性"的"伟大工程"！不仅要从根本上全面认识它，更要通过腐蚀控制工程全生命周期研究、应用及其标准化体系理论的指导，包括主体标准体系和相应保障标准体系二者相互协调、相互支撑、相互促进的国际腐蚀控制工程全生命周期标准化体系的实施应用，制定出"矛"和"盾"两种实施方案，并予以落实。这样完全能够实现对腐蚀从根本上全面、最佳、有效的控制，对各类腐蚀的工程控制；对防腐失效的控制，可以及时发出报警、及时采取有效对策，杜绝或避免社会财产和资源损失，以及生态环境、人命关天等重大事故的发生，解决了长期以来无法有效控制腐蚀的问题。

《现代腐蚀学——腐蚀控制模板》便是在此基础上诞生的，它是对人类同腐蚀长期的斗争历史、经验教训和控制措施进行了较为系统的总结、研究和思考，汇聚成了这样一本有一定理论和实践水平的著作，为从根本上全面控制腐蚀，达到腐蚀控制的最佳效益，杜绝或避免安全、环保等重大事故的发生，提供了解决方案。从应用的角度，给广大腐蚀工作者在实际工作中提供了一套全新的解决腐蚀问题的思路，是对腐蚀控制领域的一大贡献。

本书出版，将会从根本上，为全面有效控制腐蚀作出里程碑的历史性贡献。

李济克

国际腐蚀控制工程全生命周期标准化技术委员会中国总代表

董德岐

中国工业经济联合会原秘书长

昝云龙

中广核集团原董事长、总经理

2024 年 12 月

序　五

　　腐蚀俗称工业工程的"慢性病"，对国民经济造成的损失是巨大的、有目共睹的。当今，人们对腐蚀危害性的认识，不仅限于在经济层面，而且是充分地认识到腐蚀对环境、安全、产品质量和高新技术发展与应用的严重影响。随着国民经济各行各业的高质量发展，腐蚀控制也从过去的辅助性、附属性、服务性的位置，发展成为我国经济建设中独立存在、不可或缺的战略性新兴产业，不仅在推进资源节约、环境保护及生产安全中发挥了越来越重要的作用，而且正在成为产业转型升级打造新质生产力的核心要素之一。

　　腐蚀科学自诞生之日起，就蕴含着多门学科的交叉。一直以来，在学界大都是从学科角度看待腐蚀过程的本质与特征。众所周知，科学发展的最高境界即是哲学。站在哲学的高度看问题，揭示的不但是问题的正反两个方面，而且抓住的是问题的主要矛盾。虽然腐蚀给世界经济造成了巨大的损失，但是在工业精密加工与制造过程中，往往也会利用腐蚀作用，进行精密加工制造。这样的例子很多，这就是腐蚀的两面性。如何充分发挥、利用有益的一面，则需要具体问题具体分析。本书作者提出的腐蚀与腐蚀工程本质和特性的新认识，就体现着一种哲学的视角和高度，充满着辩证的看待、思考问题的智慧。

　　事实上，中华文明从石器时代，到青铜器、铁器时代，直到今天的信息时代，就是一部中华民族同腐蚀斗争的历史。从第一次、第二次和第三次工业革命，到今天的工业4.0，也是一部体现人类同腐蚀斗争的历史。向古今中外学习，吸取其精髓；承上启下，勇于开拓，正是协会发展、壮大，走向世界的选择。协会在全面腐蚀控制理念的基础上，摒弃"防腐蚀"概念的不足，采纳了"腐蚀控制"的通用概念，成立了"国际腐蚀控制工程全生命周期标准化技术委员会",并将"中国化工防腐蚀协会"更名为"中国腐蚀控制技术协会"。同时,今天,又提出了腐蚀控制模板方法,指导控制腐蚀工程设计与实践。这就是一个主导者的胸怀与大智慧,体现了解决主要矛盾、带动次要矛盾解决的方法论。

迄今为止,一般科学与技术的发展已经到了一个接近天花板的程度。可以想见,在腐蚀科学与工程领域实现创新与零的突破,这是极其不易的。但是,腐蚀科学作为一门应用学科,在腐蚀工程中实现集成创新则完全可能。在工程实践中,技术进步与先进管理相辅相成。如何利用先进的技术,结合高效的管理,达到工程实践效能的最大化,则应该是今天开展工程实践追求的目标。合理分配、利用资源,加强技术与管理的协调性,既需要避免低技术水平配套高水平的工程管理标准,导致工程管理的"内卷";同样也需要避免高水平的工程技术配套低水平的工程管理,导致工程技术的"内卷"。我想,这也是本书作者的期望。

雍兴跃

北京化工大学研究员、国家基础加强重点项目首席科学家

2024 年 12 月

前　言

　　《现代腐蚀学——腐蚀控制模板》的面世，是我国乃至国际腐蚀与腐蚀控制界的一件具有里程碑式历史性意义的大事，是对该领域科技发展历史概况的回顾和总结，穷力开创"从根本上全面有效控制腐蚀新纪元"的展望。

　　腐蚀自古至今普遍存在，给人类社会带来了众多的危害，20世纪中叶全世界各国的腐蚀危害调查既已达成了共识：腐蚀造成的损失占当年国民经济总产值的 3%～5%，钢制设备装置因腐蚀造成的报废约为其年产量的 30%，全世界每 90 秒就有 1 吨钢材被腐蚀成铁锈等。人类很早就开始了同腐蚀的斗争，然而腐蚀并未就此消灭，反而出其不意地给人类造成了更大的损失和灾难性的破坏。我们应该认识到，腐蚀不可能消灭，但可以控制。从根本上全面有效控制腐蚀，就成了全世界人类目前亟需解决的一项极为重大的国际性的课题！

　　要解决这项重大的课题，首先本书即在深刻剖析、调研、总结、揭示腐蚀、工程本质、属性、特性等的基础上，有针对性地提出了从根本上全面有效控制腐蚀的"矛"和"盾"的两大腐蚀控制工程，并最终形成腐蚀控制模板，为从根本上实现全面有效控制腐蚀，达到腐蚀控制的最佳效益，杜绝或避免安全、环保等重大事故的发生，给出了前无古人的科学性、技术性、工程性、可靠性、实用性、有效性的重大课题的答案。

　　通过本"腐蚀控制模板"的全面、精准实施，并与主体工程同步设计、同步施工、同步操作和监督、监理运行，完全可以实现有效性的腐蚀控制，达到腐蚀控制的最佳效益；无效控制，及时报警，杜绝或避免安全、环保等重大事故的发生；确保主体工程不因腐蚀而发生安全事故或不正常的运转及其寿命的同步缩减。

全书思想解放，从科学、哲学的视角，创造性地提出了一系列的新理论、新理念、新概念，为对腐蚀本性、工程本性的认识、揭示，腐蚀控制模板的形成提供了坚实、正确、可靠的科学思维支撑：

* 2012 年 12 月按党的十八大精神，为贯彻党中央"两个一百年"奋斗目标和中国梦的要求，结合行业特点以及同腐蚀斗争的经验、教训，适时创造性地提出了协会的"两个梦"：第一个，党成立 100 周年时，即 2021 年，成立国际腐蚀控制工程全生命周期标准化技术委员会；第二个，新中国成立的 100 周年，即 2049 年，要使中国腐蚀控制技术协会在该领域全面走向世界、引领世界并在国际上领先开展腐蚀控制工程全生命周期理论研究、应用及其标准化。

* 2016 年，联合美国申请并通过全球 172 个国际标准化组织（ISO）成员国历时 3 个月投票，又经技术管理局（TMB）15 个国家投票通过，最后经全会形成 2016 年 75 号决议，批准成立了国际腐蚀控制工程全生命周期标准化技术委员会，中国为秘书国，秘书国提议美国为主席国，提前实现了第一个"协会梦"。

* 接着制定发布了四项国际标准：2020 年发布了 ISO 23123:2020《腐蚀控制工程全生命周期 通用要求》、ISO 23222:2020《腐蚀控制工程全生命周期 风险评估》、ISO 23221:2020《管道腐蚀控制工程全生命周期 通用要求》，2022 年发布了 ISO 24239:2022《火电厂腐蚀控制工程全生命周期通用要求》。

* 在世界上率先揭示了腐蚀、工程的本质，确定了腐蚀、工程的定义，提出了"腐蚀是一项极为特殊而伟大工程"的定位，使腐蚀界长期纠结的模糊概念得到了澄清。为实现第二个"协会梦"打下了坚实的基础，开辟了腐蚀控制的新纪元！

* 首次在国际上高度概括总结出了造成腐蚀的四大腐蚀溯源：直接腐蚀源、间接腐蚀源、环境腐蚀源、过程中产生新的腐蚀源。

* 首次总结了 4500 年以来人类同腐蚀斗争的科技发展概况史，提出了"有眼不识泰山"的寻根阶段、"盲人摸象"的探索阶段，开辟了从根本上全

面有效腐蚀控制新纪元的阶段（腐蚀控制模板）。

＊在全世界第一次主导制定出了国际腐蚀控制工程全生命周期标准化的主体标准体系和保障标准体系的两大相辅相成的完整科学体系，以确保实现市场始终持续性需求的科学性、适用性、时效性、有效性和完整性的市场竞争力。

＊首次研发、总结、开创出了从根本上全面有效腐蚀控制的模板。

＊2023 年，在 ISO/TC156/SC1 第七次年会上，与会各国代表一致同意由我们提出的在中国筹建成立"国际腐蚀博物馆"的提案。

＊初步解析了埃及金字塔及古代人体木乃伊化的本质，特别是中国长沙马王堆汉墓，能够将人体保存 2000 多年而没有腐烂且保存完好的事实，从而联想到中国 6000 多家博物馆、国际上 28000 多家博物馆中的，特别是大多数都是地下文物长期被保存下来的事实。呼吁全社会尤其是文物界理应同我们共同挖掘，探求我们的祖先是如何长期保护这些文物不被腐蚀，且更不被腐烂的经验、机理、技术等，并进行研究、消化，为中国式现代化服务、为全世界经济的发展服务！

＊在浩瀚的宇宙中，地球一经诞生，造物主就同时创造了阳光、空气和水，与人类创建的各类新生事物相互作用，发生吞噬、破坏，造成不同程度的腐蚀，这都与人类生活息息相关，形影不离，使腐蚀与人类的腐蚀控制活动成了一对不共戴天的冤家。《现代腐蚀学——腐蚀控制模板》也就应运而生。

＊本书凝聚了国内外腐蚀与腐蚀控制领域的企业家、科研人员和专家的智慧，凝聚了古今中外先人们的历史经验教训，并进行了较为系统的总结，汇聚成这样一本有一定实践水平的著作，这对人类在该领域发展作出了重大贡献。

本书出版，希望能够对腐蚀控制产业界相关专家、企业家、同仁的工作起到抛砖引玉的作用，不足之处，不吝补正，不胜感激。

任振铎

2024 年 12 月

目　　录

第一章　腐　　蚀

1.1　腐蚀的本质或定义

腐蚀是自然界任何事物与相应环境的自然相互作用使其原有性能发生不同程度变化的过程。这个变化过程具有自发性、隐蔽性、渐进性、持续性、非线性、复杂性、累积性，会给人类社会造成灾难性破坏，甚至造成像震惊世界的日本"3·11"福岛核事故、中国"11·22"输油管道泄漏爆炸等重大事故的发生，完全不同于一般由众多相关因素看得见、摸得着，经自然或人工或复合整合、集成的过程而形成某一物的明面工程。因此，腐蚀是一项极具特殊性的伟大工程！特殊性：这是由其自然形成的过程的属性所标明、决定的定位；伟大性：这是由其自然形成过程给人类造成灾难性的破坏，甚至有可能造成上述重大恶果所决定的！伟大蕴育于平凡之中，被人们习以为常、不起眼的腐蚀小事造成这么大的事故，能不是一项伟大的工程吗！

1.2　腐蚀普遍性的特性

腐蚀充斥了整个世界，天上地下、陆上水下；金属、非金属；航天器的生物腐蚀、大气腐蚀；轮船、航空母舰的海水腐蚀等等，无所不在、无孔不入、无时不有！凡是人类生存、生活、生产、工作等的所有空间、环境都始终存在着腐蚀，没有不受腐蚀的地方！只要有腐蚀的地方，必有被腐蚀相应的存在物；腐蚀是依附于任何存在物的存在而存在、产生而产生、消除而消除，是绝对不可能独立存在的！例如，工业、国防、基础设施、公路、铁路、桥梁、油气管道、城市地下管线、港口、水坝、航空航天基地、重要建筑物等；人类日常接触到的：老房木板上的生锈的铁钉、生锈的铁护栏、生锈的锡罐头盖、锈蚀的钢筋、锈蚀的轮船设备、腐蚀的自来水管道、腐蚀的输油输气管道、热水管道；又比如大雁塔广场中铜雕塑上的铜绿，出土的秦始皇铜车马、兵马俑、银首饰的变色，塑料的硬脆，橡胶轮胎的老化，古籍纸质的发黄变脆，丝绸的腐烂，朽木，涂料的褪色、脱落，牙齿的坏烂，石头的风化等等都属于腐蚀的范畴；像龙门石窟、云冈石窟、莫高窟，沧州的铁狮、乐山的大佛，长沙的马王堆、北京的定陵、西安的秦陵等等都与腐蚀密切相关，从这方面看，腐蚀是罪根之源！对此，人类还远远没有从根本上全面对腐蚀进行认识，仅仅还处于对经济、工业上的一些腐蚀现象、问题进行局部性的、单一性、传统式的"一物降一物"的研发控制！因此，对腐蚀的极具普遍性必须要有一个全面完整的识别，识准、识清、识全，确保无一遗漏，这是从根本上全面解决腐蚀问题的一项极为重要的关键性问题。（这就精准地回答了筹建国际腐蚀博物馆进行全民普及常识教育、宣传、学习、交流，要认识到腐蚀是一项极为特殊而伟大的工程，腐蚀过程不仅是看不见、摸不着，而且又是渐进、持续、非线性等，造成实施腐蚀控制难度将是"明枪易躲，暗箭难防"之难！）

1.3　腐蚀的属性

1）自发性

"腐蚀"是自然界自古自然形成、不为人类所左右而存在的，当有新生事物产生时，便伴随着其成长、发育，直至消亡，过程中自然形成相应阶段的腐蚀而隐匿于该新生事物相应的不同阶段，从而吞噬其产生、成长、发育，直至随其同时消亡！所以腐蚀是依附于新生事物的产生而产生、存在而存在、成长而成长、发育而发育、消亡而消亡，并不能相对独立而存在！

从化学的角度上看，腐蚀的发生完全是一个自发的过程，就像水向低处流一样，要控制腐蚀就要像阻止水向低处流一样。腐蚀就是从不稳定态向稳定态转化的过程。

金属的腐蚀是金属提纯的逆向过程。

2）隐蔽性

腐蚀的过程是看不见、摸不着的，实施控制将是"明枪易躲，暗箭难防"的难度！

3）渐进性

腐蚀的过程又像是一个"钝刀割肉，文火煎心"一样，一点一点地蚕食，给实施控制又增加了难度！

4）持续性

腐蚀的过程又是一个持续不断的发展过程、持续永恒性地吞噬着社会的宝贵财富，实施控制必须始终坚持，不能有一点的马虎、疏忽的态度！

5）非线性

腐蚀的过程始终存在着不规律、不恒量的非线性腐蚀源因素的风险，必须不断地调整腐蚀控制相应的因素，使相应腐蚀始终处于一个全生命周期的全过程的控制之中。

6）累积性

腐蚀的过程又是一个不断加重的过程。

7）突发性

腐蚀可导致在无任何征兆的条件下发生重大的破坏事故，可见对腐蚀控制过程又增加了监视的难度！

8）复杂性

腐蚀过程是一个非常复杂的物理、化学过程，涉及化学、电化学、物理学、材料学、表面科学、工程力学、冶金学、生物学等多个学科，其也将随着这些学科的发展而不断发展，是一门具有高度交叉性、综合性的工程科技学的国际腐蚀学科。

第二章 腐蚀的危害

2.1　腐蚀给社会造成的损失

依据全世界的共识，腐蚀每年造成的经济损失约占当年国内生产总值（GDP）的 3%～5%，按此推算：2022 年全世界 192 个国家的 GDP 总和为 1015593 亿美元，而腐蚀造成的经济损失则约为 30467.79 亿～50779.65 亿美元；2022 年，中国的 GDP 为 183212 亿美元，而腐蚀造成的经济损失约为 5496.36 亿～9160.6 亿美元；2022 年美国的 GDP 为 250352 亿美元，而腐蚀造成的经济损失约为 7510.56 亿～12517.6 亿美元！

腐蚀造成的损失可分为直接损失和间接损失。

1）直接损失

包括材料的损耗、设备的失效、能源的消耗以及为防止腐蚀所采取的涂层保护、电化学保护、选用耐蚀材料等的费用。由于腐蚀，大量有用材料变为废料，全世界每年因腐蚀报废的钢铁设备约为其年产量的 30%，造成地球上的有限资源日益枯竭。全世界每 90 s 就有 1 t 钢被腐蚀成铁锈，而炼制 1 t 钢所需的能源可供一个家庭使用 3 个月，因此，腐蚀造成了自然资源的极大浪费。

2）间接损失

包括因腐蚀引起的停工停产，产品质量下降，大量有毒、有害、易燃、易爆等物质的泄漏、爆炸等，对社会的危害更大、更严重，同时波及河流、水源、土壤、环境、空气的污染等，造成的损失往往比直接损失更大，甚至难以估计。

2.2 腐蚀给安全、环保带来的危害

腐蚀又是安全、环保生产的大敌，大到可影响国家乃至全球，如苏联切尔诺贝利的核泄漏，日本"3·11"福岛核电站发生泄漏引发的核危机而震动了整个世界；美国明尼苏达州 35 号州际大桥因一坨鸟粪的腐蚀而垮塌；中国因腐蚀而导致的"11·22"中石化东黄输油管道泄漏爆炸造成的 62 人死亡、136 人受伤，直接经济损失达 75172 万元的特别重大事故；湖北十堰"6·13"因天然气中压钢管严重锈蚀破裂而导致泄漏的燃气爆炸等事故，造成了巨大的人身伤亡、环境污染、生态破坏和经济损失。

2.3 腐蚀对相关从业人员的危害

从事腐蚀业者本身也时刻伴随着其特有的环保和安全等方面安全隐患。因为，腐蚀控制业的生产和施工过程中所接触的物料大多为有毒有害、易燃易爆等危险化学品，作业中还会产生一定的高温、高压、潮湿、环境噪声、烟尘、污染物等，如果控制或管理不严很容易造成财产损失和人员的职业病以及伤亡等安全事故。

2.4 国际腐蚀工程先驱、美国著名教授 方坦纳的观点

国际腐蚀工程先驱、美国著名教授方坦纳在 20 世纪 60 年代即提出，"假若没有腐蚀，我们的经济面貌会大大改变。例如，汽车、船只、地下管道和家庭用具都不需要涂层了。不锈钢工业将无存在的必要，而铜也许只会

用于电器。大多数金属设备和消费产品将用钢或铸铁制造。然而腐蚀是到处都有——家庭内外、路上、海里、工厂里以及宇宙飞船内。虽然腐蚀不可避免，但其损失是可以大大减少的。例如用一个低廉的镁阳极就能使家用热水槽的寿命延长一倍……"。

第三章 溯源造成腐蚀的腐蚀源

3.1 概　况

因为腐蚀本身是一项工程，溯源造成腐蚀工程的众多因素概括起来可以归纳为科技因素和非科技因素两大类。科技因素构成了腐蚀工程的内核，非科技因素构成了腐蚀工程的边界。它的内核结构是指纯技术因素的集成与整合；它的边界结构是指资源、知识、经济、社会、文化、环境、政治等相关因素的集成与整合。一方面，当边界因素变化的时候，技术因素的集成方式也会变化。另一方面，技术因素本身状况和水平的改变、规定与边界结构因素之间相应存在着极为密切的协调关系。一个没有污染处理的技术系统，会恶化边界结构因素的存在状态，同样，人类对环境问题的重视和普遍的可持续发展观，对当代腐蚀工程的内在技术系统也提出了新的标准和要求，工程的成功与失败也不仅仅是技术问题就能决定的，甚至更多的时候取决于非技术因素。从这两大类深入进行刨树搜根、刨根问底、抽丝剥茧的溯源造成腐蚀的根源可以高度抽象总结为：直接腐蚀源、间接腐蚀源、环境腐蚀源、过程中有可能产生新的腐蚀源。不仅要从茎、枝、叶、梢等局部、表面的现象上，还要从根本上和全面上极其认真、一丝不苟地溯源，包括点、线、面、体，即使被保护对象上的一个针眼小的孔隙也不能"漏网"，否则，会造成更大的腐蚀，甚至会造成更大的恶果或灾难（针眼小的窟窿，斗大的风）！对腐蚀源的溯源，颠覆了人类近 200 年来同腐蚀斗争一直纠结于针对腐蚀造成的各种局部、单一破坏的表面现象，追根求源造成腐蚀最根本、最全面的症结所在，开创了有针对性的从根本上全面有效控制腐蚀工程的新纪元，具有重大里程碑式的前沿性的国际意义、历史意义和现实意义！

3.2　科 技 因 素

科技因素构成了腐蚀工程的内核：

（1）直接腐蚀源　发生化学反应，无腐蚀电流，如酸、碱、盐、O_2、SO_2、CO_2、水蒸气等；发生电化学反应，有腐蚀电流，如外加电流、牺牲阳极块。

（2）间接腐蚀源　压力、温度、湿度等。

（3）环境腐蚀源　大气腐蚀、海洋腐蚀、桥面的交通汽车应力腐蚀等。

（4）过程中有可能产生新的腐蚀源。

3.3　非科技因素

非科技因素构成了腐蚀工程的边界，包括资源、知识、经济、社会、文化、环境、政治等相关因素。

第四章 腐蚀工程的认识

4.1 工程的概念和本质

工程就是工程相关众多因素的集成过程并物化的结果。工程是自然界人与自然之间、人与社会之间进行物质、能量和信息变换的载体，其核心是将二维变成三维、方案变为实体的建造活动。可以说，世界上的万事万物都是由众多相关因素的自然形成或人工形成或由自然和人工复合形成的全过程的工程所产生。比如，通过长期的自然作用形成了具有一定流量和高低落差的足够势能的河段是自然工程；人类建造的水坝、制作的水轮机、发电机等是人工工程；人工工程和自然工程相结合而建造了为人类社会做出重大贡献的水力发电站是复合工程。

4.2 工程与科学、技术的区别

工程因素的整合、优化、集成等方式、方法及过程是工程与科学、技术相区别的一个本质特点。科学是以发现为核心，解决"这是什么？为什么？"；技术是以发明为核心，解决"做什么？怎么做？"；工程是科学、技术的实践和载体，解决"做出了什么？"。所以，工程就是最直接、最现实的生产力，无所不在、无处不有，没有工程就没有自然界的进化，就没有人类的进步和社会的发展。因此，工程的本质和定义是一样的，就是利用和改造自然的众多性因素、集成性整合的全过程。

4.3 工程的特征

4.3.1 集成性

工程的集成性是指将工程系统的各要素如信息、技术、目标物资、资金、方法等有机结合起来，通过要素整合，形成综合优势，使工程系统总体上达到相当完备的程度。在此基础上开展全集成与智能化系统的融合是当今国际社会上的最高水平，支持、协同全集成是实现全生命周期的最佳目标。主要采用信息技术的模型有：三维模型与模拟现实；数据交换标准化；数据中心设计与构建；全生命周期的数据管理；工程应用（含电子商务）。可以预言，21 世纪的工程就是系统要素全集成和智能化程度较高的全球化工程，其显著特征表现为要素全球流动（如工程全球招标、物资全球采购、信息全球共享、人才全球招聘）。

4.3.2 动态性

工程是由物质要素和环境要素等构成的复杂系统，无论是从其形成发展过程，还是从工程系统本身看，工程都处于一个不断变化和发展的过程，从动态的活动过程中发挥工程的作用；也只有在活动的过程中，工程才能成为利用和改造自然的力量。工程系统本身就是一个非常复杂的动态过程，始终处于变化和发展的状态。不论是工程内部因素的变化，还是工程外部如社会、经济、政治、法律、环境等的影响和制约，工程不可能始终按部就班地进行，必然要持续进行相应的调整和优化，达到"干一项工程，立一座丰碑、练一支队伍"。

4.3.3 众多因素性

工程是通过"众多因素的集成"表现出来，单靠一个因素或一个人是无法完成的，任何一项工程都需要众多的因素或大量的人员等在统一的管理指挥下，分工、协作，协同、配合。工程凝聚了众多的因素，如机构及人员等的技术、非技术的智慧、劳动、心血，是一项复杂性、科学性、普遍性的系统工程。

4.3.4　工程形成所需的因素范围

工程形成（集成）所需的因素主要包括科技因素与非科技因素，这两类因素既相互作用，又相互制约，其中科技因素构成了工程的内核，非科技因素构成了工程的边界，包括资源、环境、知识、文化、政治和经济社会等各种因素。科技因素一般指根据生产实践经验和自然科学原理而发展成的各种工艺操作方法与技能，运用这些方法和技能所形成的一些产品，比如机器、硬件或工具器皿等，这是工程活动的基本因素，是整体工程中的内核。工程是内核因素与边界因素综合形成（集成）的产物。产物的成功与失败不仅仅是内核因素问题就能决定的，甚至更多的时候还取决于边界因素。

综上所述，工程在现代经济发展和社会现代化过程中有着非常重要的地位和作用，从科学、技术到工程，无所不在、无处不有，所有的不论是经过自然形成（集成）起来的，还是经过人工形成（集成）起来的或是由自然形成（集成）和人工形成（集成）的复合形成（集成）起来的工程，都能够为人类所充分利用，并发挥其巨大的社会经济效益。

4.4　腐蚀工程学

腐蚀的本质可以概括为物质性能变化的过程，而性能变化的过程是由物质、环境等众多相关因素相互作用的自然集成而导致的，这与工程的本质、特性是一致的。而腐蚀除具有普遍性、隐蔽性、渐进性、突发性的破坏过程，不同于一般工程看得见、摸得着、具有一定规律、定量特征和属性之外，同时又具有一般工程的集成性、动态性和众多因素性等特征。因此，腐蚀是一项工程（图 4-1）；是一项不同于一般明处的工程，具有普遍性、隐蔽性、渐进性、持续性、突发性等，会不断吞噬着人类社会的有限资源，甚至会造成人命关天、环境污染等重大事故发生的一项隐蔽性、特殊性的工程。

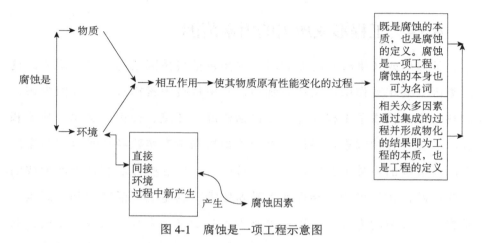

图 4-1　腐蚀是一项工程示意图

　　腐蚀工程学是一门专业研究和探索造成腐蚀的相关众多因素的自然集成过程的知识学问；是一门人类千百年来在同腐蚀的斗争中，经不断总结、消化、融纳"工程学"的基础上而形成的具有自发性、隐蔽性、渐进性、持续性、非线性、累积性、突发性、破坏性、复杂性、特殊性的"腐蚀工程学"。它的产生为创造性的，研究开发出具有针对性、"有的放矢"性、有效性的措施，从根本上全面控制腐蚀给人类造成的各种危害，杜绝或避免各种重大事故的发生，实现有效控制，无效报警，及时采取措施！针对造成腐蚀的因素及腐蚀的特性、属性，2012 年中国腐蚀控制协会创造性地提出了"腐蚀控制工程全生命周期理论研究、应用及其标准化"理念，从标准入手，于 2016 年成立了"国际腐蚀控制工程全生命周期标准化技术委员会"，经十多年来各方面的碰撞、博弈、实践的验证，主导制定并被批准向全世界颁发了四项国际标准，初步建立了"国际腐蚀控制工程全生命周期标准化体系"的规划等，充分表明了来源于实践而总结上升为腐蚀工程学，反过来又被证明能够切实指导实践，可以说是颠扑不破的真正有价值的学问！

　　腐蚀工程学的学习、推广、普及和应用将更好地汇聚起人类的聪明智慧，凝聚共识，为从根本上全面有效控制腐蚀给人类造成的各种危害、杜绝或避免各种重大事故的发生，实现有效控制，无效报警，及时采取措施！在确保人身健康和生命财产安全、国家安全和生态环境安全的经济运行的基础上，求得经济、长全生命周期和绿色环保的最佳效益的目标，为美丽、文明地球村家园的建设做出贡献！这是现代腐蚀学的一项核心内容。

第五章 人类同腐蚀斗争的科学发展概况史

5.1 引　言

　　纵观一门科学史不仅可以使我们了解这门学科发展的趋势，避免某些错误的重犯，避免研究内容上的重复而造成人力和物力的浪费，还可以使我们从前人的成功中受到鼓舞。因为我们的祖先就曾经开创过世界上最早、最好的科学技术事业，在防腐科学技术方面也不例外。人类与腐蚀作斗争的历史可以追溯到 4500 年前。但是腐蚀与防腐科学作为一门科学的历史则只有180 余年。根据 W. Lynes 的意见，腐蚀科学的历史可以把 W. H. Wollaston 发表《酸腐蚀的电化学理论》那篇论文作为开端。因此，我们在这篇"史话"里把 1801 年以前的防腐蚀科学技术称为"史前"的防腐技术。此乃是指腐蚀科学之史前，并非人类文化之史前。

　　腐蚀科学的发展首先建立在不断发现新的腐蚀现象的基础上，为了解释这些现象而出现了腐蚀科学理论。为了研究腐蚀现象和验证腐蚀理论，人们又建立了许多腐蚀的试验方法。为了防止与控制腐蚀造成的损失，人类根据腐蚀原理发展了许许多多的防腐材料、防腐技术，至今已经形成了一个从防腐设计、防腐技术和防腐管理三个方面互为补充的现代防腐知识体系。

　　目前还没有一本关于腐蚀科学的历史书。因此我们希望这篇"史话"能为读者了解人类与腐蚀作斗争的历史有所帮助。"史话"包括以下内容：一是"史前"防腐技术；二是腐蚀现象的发现；三是腐蚀理论的发展；四是腐蚀科学研究方法；五是耐蚀材料；六是防腐技术；七是其他等七个方面的历史。

埃及金字塔里至今还保存着古代埃及帝王的尸体——木乃伊。木乃伊不仅肉体保存完好，就连他们身上穿的衣服，虽然经过了几千年也依然如故。原因仅据说这些木乃伊是经过特殊的防腐剂浸渍过的。而木乃伊实际处理的技术如同金字塔的建筑一样还真正完全是个谜。中国长沙马王堆出土的古汉墓女尸比埃及木乃伊晚了 2500 年，但是古尸的肌肉在出土时仍有弹性。其防腐的原因仅仅一方面说是由于墓穴周围有一层很厚的木炭层，起着吸收水分的作用；另一方面是墙壁的石块之间用熟糯米黏结，起到了密封作用，是现代腐蚀教科书上讲的"腐蚀隔离技术"，但是究竟是一套什么样的真正完全的腐蚀控制技术？仍然还是一个谜。实际上保存了 4500 多年、2500 多年而这么长时间还仍然不被腐蚀，到底其中古代先人应用了什么样的科技原理，完全值得并投入人力、物力、财力进行研究、解密！另外，中国现有 6000 多家博物馆，国际上有 28000 多家博物馆，其中所能长期几千年、几百年保存而不被腐蚀的物品，同理也蕴育有极为丰富雄厚的明里、暗里、没有被人类完全所认识、所重视、所发现、所开发而所存在的大量极为有价值的腐蚀控制科学技术、机理。本节将从直面腐蚀、直白腐蚀，揭示腐蚀的本质、定义、特征、属性等前提下，回顾、总结"人类同腐蚀斗争 4500 多年来的历史性的腐蚀科学发展的概况史"，并重点从腐蚀控制工程这个角度去研究、认识、索取、挖掘、继承传统、消化吸收、应用、创新为新质生产力、高质量发展的现代化的国民经济做好保驾护航的工作，为穷力开创从根本上全面有效控制腐蚀的新纪元有所新的贡献！而更大的目的在于能够起到一个抛砖引玉的作用，期望各位专家、同仁携手共同帮助编著好具有重大现实意义、国际意义、历史意义，为"从根本上全面有效控制腐蚀新纪元"做出新贡献的"概况史"。

5.2 人类同腐蚀斗争的三个阶段

5.2.1 "有眼不识泰山"阶段（1801 年之前）

湖南大学钟琼仪发表的《腐蚀与防腐科学技术史话》中关于"史前"的腐控制技术有着丰富的内容，有待人们去整理、发掘和研究。

1907 年，德国考古学家 Borchardt 在考察埃及第四王朝法老齐阿普斯金字塔的时候，发现了世界上最古老的铜管。这是一根长 250 m，内径 47 mm 的铜质雨水管。在 Borchardt 考察的时候，这根管子剩存的厚度是 1.4 mm。据考证，这根管子是公元前 2500 年的制品。这件文物的照片被保存在柏林国家博物馆内。为什么经过了 4000 多年，这根铜管仍能保存下来呢？一方面是由于埃及的气候比较干燥，但更主要的是这根铜管外面包裹着一层很厚的石灰三合土，是它起着保护作用。

我国是最早使用"镀"技术的国家。在殷墟出土的文物中发现了一种外镀厚锡的铜盔。后来《诗经》中的"鋈"字可能就是镀锡的意思（参见《中国冶金简史》第 25 页）。这是公元前 10 世纪的事，距今 3000 多年。由于缺少关于铜盔上锡层厚度的资料，此锡层是"镀"还是"镶嵌"（或者说"衬"）尚有争议，因为热镀锡不可能镀上很厚的锡。不过在战国时代（公元前 500 年）出现的镀金技术则是无可争议的"镀"技术。当时的镀金技术称之为"鎏金"。它是把金汞齐涂在铜器表面上，经过烘烤，汞蒸发后，金就留在器皿的表面上了。当时还有一种最古老的衬金属技术，称之为"金银错"，就是在铜器上镶嵌金箔、银箔。由此可见，我国早在 2500 年前就已经掌握了"镀""衬"技术，比欧洲热镀锡的应用（1900 年）早 2300 年。

到了魏晋南北朝时期（公元 220～589 年），镀的技术又发展为铁器上镀铜。当时曾有"青铜涂铁，铁赤色如铜"的记载。青铜就是天然硫酸铜。

古希腊唯心主义哲学家柏拉图（公元前 427～前 347 年）曾用他的物质

观来解释腐蚀现象。他认为万物皆由金、木、水、土、火所组成。互相结合而生成新物质。例如，他认为冶金是"土与火生金""金与水变土"，即他认为腐蚀就是金变为土的现象。

古希腊是世界上文明古国之一。公元前 4 世纪的时候，古希腊北方的马其顿一跃而成军事大国。它的国王，历史上有名的亚历山大大帝在公元前 336～前 322 年间发动了大规模的东侵战争。他动用了 30000 步兵、5000 骑兵和 160 艘战船，渡过了爱琴海，征服了埃及，征服了波斯帝国（现在的伊朗与伊拉克所辖地区），兵临印度河，建立了一个地跨欧、亚、非三洲的大帝国。亚历山大的胜利一方面是敌手处在衰落的时期；另一方面是马其顿的军队拥有重装步兵，这乃是其取胜的一个重要因素。步兵的重装装备与马其顿的铁业密切相关。"马其顿铁"曾是有名的铁金属制件。在亚历山大建都巴比伦的时候，他曾下令在幼发拉底河上建筑一座铁索桥。据 Piny 在 1900 年的记载，在他生活的年代里这座用马其顿铁建成的铁索桥依然存在。但局部的地方也有损坏，有人曾用新铁替换旧铁，结果换上去的新铁很快就生锈了，而旧铁却仍然良好。

在我国 3300 多年前就开始使用铁器。生铁的生产比欧洲早 1900 多年。目前我国出土最早的铁器是商代（公元前 14 世纪）的铜钺上的铁刃。有趣的是，出土文物中，铜器比铁器多。出土的铁器又以战国时代的制品为多。例如，战国时代的铁制农具、乐器钟等。唐宋年间（公元 618～1279 年）制造的铁器有如河北沧州的铁狮子（五代后周广顺三年即公元 953 年所建）和太原晋祠的宋代铁人依然保存到今天，但是这些文物都是在地上，地下出土的铁器却很少。在印度，有公元 310 年制造的高 7.25 m 重 6 t 的铁塔（1052 年迁入德里，故称德里铁塔）至今尚未生锈。

腐蚀科学上曾经出现过一个有趣的课题，就是"古铁"问题。所谓"古铁"问题，就是人们发现一些古代铁器的耐蚀性比现代的普通钢铁更好。前面所提到的中外铁器文物都可以说明这一点。问题的解答恐怕只能从古铁的成分与冶炼方法上考虑。例如我国商代铜钺上的铁刃经过电子探针分析，发现含 Ni 2.5%、含 Co 0.24%。估计这是一种陨铁。由于腐蚀的缘故，铁刃上只含 2.5%镍，据推论在开始时，铁刃应含有 10%以上的镍。这种铁如同现代的铁镍合金，无疑耐蚀性要比现代的普通钢铁好。战国时代，我国炼铁采用的是块炼法，即用木炭在固态还原铁矿石而得铁，冶炼温度在 1000℃左右，远低于铁的熔点（1540℃）。这种方法炼出的铁含有大块的氧化亚铁（FeO）和硅酸铁（$2FeO \cdot SiO_2$）的共晶夹杂物，在锤炼的时候，杂质会被清除掉。"千锤百炼"也就是这个意思。即使这些杂质未除干净，它们的存在对提高铁的耐蚀性还是有好处。现代的高硅铸铁就是一种经常用到的耐蚀材料。

秦始皇陵东侧出土的青铜剑和箭镞，表面呈黑色，经电子探针分析，箭镞的表面含有 2%的铬，而内部则不含铬。这无疑是由于箭镞表面上生成的氧化铬(Cr_2O_3)膜起到了保护作用。可见早在公元前 200 年我们的祖先就掌握了氧化保护的技术。这与 1937 年德国人采用铬酸盐或重铬酸处理青铜提高耐蚀性的技术相比早了 2000 年。这确实是一种奇迹！

在耐蚀金属和合金的炼制方面，我国古代的技术也领先于其他国家。大家都知道铅在化工防腐中作为衬层的重要性。而在商周年间，我们的祖先就能炼出纯度为 99.75%（对西周铅戈的分析）的铅。在隋朝（公元 581~618 年）就开始使用铜镍合金，称之为"白铜"，尤以云南的白铜著称。古人利用白铜耐蚀性来制造面盆、水烟袋和墨盒等，18 世纪后期，欧洲人从中国买进白铜拿回去进行分析。德国人仿制中国的白铜却称之为"德银"。

锌也是现代防腐不可缺少的一种材料，在我国汉代就能产锌。18 世纪 30 年代，英国人来中国学习炼锌法，直到 1743 年英国才建立第一家炼锌厂。当时我国生产的锌锭销售于欧洲，纯度达到 97.5%以上，从当时的冶炼水平来讲，这是了不起的事。18 世纪后期，H. Davy 研究了舰船的牺牲性阳极保护法，他开始用铁作为牺牲性阳极，后来才改用锌作为牺牲性阳极。

根据世界通史的记载，在公元 700 年间，印度、中国和日本都兴盛漆器生产。而欧洲使用漆还是在 16 世纪才开始的。公元 1500 年，荷兰人从印度人那学会了制漆技术，在阿姆斯特丹建立了欧洲第一个制漆厂。

1273 年，英国伦敦发生了一次居民聚众向英国皇家法院起诉的事件。

原因是使用纽卡斯尔（英国中部的一个煤矿）的煤作为燃料，由于这种煤的硫含量高，燃烧后污染空气，使得教堂里的铁窗和风琴很容易被损坏，连壁炉也遭受腐蚀。当然，英国皇家法院对此也是无能为力的。但这件事情却引起了欧洲一些高等院校的重视，所以在 17 世纪末期，欧洲的一些学报上就发表了大气腐蚀的论文。

以上的防腐技术有着丰富的内容。相关资料需要人们去整理，此外相关技术原理仍有待人们去发掘和研究。

5.2.1.1　埃及金字塔背景资料解析

金字塔是古埃及法老的陵墓，建造于公元前 2600 年至公元前 1700 年期间，是埃及古文明的代表，是世界七大奇迹之一。金字塔主要流行于埃及古王国时期，是国王希永保自己尸体和尊严的地方。埃及金字塔之谜是人类史上最大的谜，它的神奇远远超过了人类的想象！

5.2.1.2　汉墓马王堆背景资料解析

马王堆汉墓是西汉初期长沙国丞相利苍及其家属的墓葬，位于中国中部湖南省的长沙市。其中 1 号墓内出土的千年女尸更是受到国内外科技界的广泛关注，被认为"创造了世界尸体保存记录中的奇迹"。马王堆汉墓的防腐技术涉及多方面，包括墓室环境的选择、棺椁结构的密封性、防腐液体的使用以及可能的"木乃伊化"技术，这些措施共同作用，使得马王堆汉墓中的尸体得以保存数千年而不腐。

总之，纵览以上人类同腐蚀斗争，先人们从一开始实际上就是以腐蚀腐烂为对象，立足全局的高度，集当时的人类的智慧、财力、物力、人力，穷尽全力建设承载古埃及法老陵墓的现在是世界七大奇迹之一的金字塔，以及承载我国长沙国丞相家族遗体的墓葬，被当代国际命名为"马王堆尸"的汉墓等等，完全实现了对腐蚀、腐烂的有效控制！这里面蕴育、应用了先人们当时所发明、创造的一系列直面、直白腐蚀、腐烂控制的重大原始科学、技术、机理等，而我们后人却"有眼不识泰山"，竟长达近 200 年一直纠结于以腐蚀现象、种类，为对象苦苦研发"一物降一物"的单一性、局部性的对策、措施、标准等像"盲人摸象"似的僵化思维阶段！

5.2.2   "盲人摸象"阶段（1801 年至 20 世纪末）

本阶段即是湖南大学钟琼仪在《腐蚀与防腐蚀科学技术史话》中所说的腐蚀现象的发现、腐蚀理论的发展、腐蚀科学技术研究方法的发展历史、耐蚀材料的发展、防腐技术的发展等。

5.2.2.1   腐蚀现象的发现

人类对腐蚀的认识一方面随着生产的发展而发展，因为随着新的材料出现，新的腐蚀环境就会出现，随之出现腐蚀的新理论；另一方面只有腐蚀理论建立后，人们才能更加深化对腐蚀的认识。因此，人类认识的腐蚀类型就越来越多。在 20 世纪 50 年代以前，人们只认识到均匀腐蚀的危险性，只发现了三四十种腐蚀类型。但在这之后，人们对局部腐蚀的认识越来越多，不断发现新的腐蚀类型。据文献报道，直至今天至少有 80 种腐蚀类型。最早发现腐蚀差异是从原电池原理出发的。1800 年，A. Volta 发现了原电池的作用。一时间形成了原电池的研究热。人们对于原电池为什么会有电流发生？这种电流有什么性质？产生了很大的兴趣。不同学科的学者从不同的角度来利用原电池原理。1801 年，W. H. Wollaston 就是根据原电池原理提出金属在酸中腐蚀的电化学理论。他的论文可以认为是电化学腐蚀的最早文献。1819 年，L. T. Thenard 发现了金属与金属氧化组成的差异电池腐蚀。他提出：在常温水中，如果铁的纯度足够高，是不会发生腐蚀的，因为它的表面上均匀发生氧化，使铁与水隔离了。但是，如果铁不纯，就不会发生均匀的氧化，而铁和它的氧化物是两个电能不同的体系，它们接触时，就像铜和锌组成的原电池一样，使铁在水中腐蚀。1826 年，H. Davy 也提出同样的观点。

1825 年，A. Walcker 发现了温差作用的差异电池腐蚀。

1826 年，H. Davy 发现了应力差所引起的差异电池腐蚀。

1827 年，A. Becqurel 发现了溶液浓差引起的差异电池腐蚀。

1839 年，Becquerel 又发现了光（照）差引起的差异电池腐蚀。

1847 年，R. Adie 发现了氧浓差电池腐蚀。当时他曾做过这样的实验：在河流的中间和河边分别挂置一个铁片，用导线和电流表将两个试片串联后，发现有电流通过电表。Adie 认为"在河心水流动氧供应充足，而河边水滞流氧供应不足""氧充足的地方为负极，氧不足的地方为正极，组成了原电池"。

1860 年，F. C. Calert 和 R. Johnson 在研究铜和黄铜在浓盐酸中的腐蚀时，发现了黄铜脱锌的现象。后人把这种脱锌现象称为层式脱锌。1911 年，G. D. Bengough 和 R. May 在研究冷凝器中黄铜管的腐蚀时，发现了塞型脱锌现象。这是由水中的固体沉淀所致，这种脱锌可导致黄铜管穿孔。

19 世纪，金属的应用大大增加，但金属结构破断的事故接连发生，触目惊心。

1830 年 3 月 11 日，大约有 700 人正在蒙特罗斯（Montrose）吊桥上观看划船比赛时，由于一根主链条破裂，吊桥突然断裂，使许多人丧生。

1860～1870 的十年间，英国每年死于铁路事故的人数约为 200 名。大多数铁路事故是因为车轮、车轴或铁轨破裂引起的火车出轨事故。

1866 年 1 月 22 日，曼彻斯特火车站由于铸铁支柱的破断而使部分屋顶坠落，当即有两人死亡。

1889 年 2 月 13 日，纽约一个大煤气罐破裂引起火灾，造成了许多人伤亡，大量财物被毁。

1913 年 1 月 3 日，波士顿一个高压水管破裂，使部分地区被淹。

1884 年，W. C. Robert 就发现 Au-Cu-Ag 合金在三氯化铁（$FeCl_3$）溶液中，在应力作用下发生破裂的现象。1906 年，E. S. Sperry 报道了黄铜弹壳破裂的事故。当时人们把这种现象称为"干裂"，之后又称为"季裂"（因与季节有关）。

1918 年，W. H. Bassett 才把腐蚀与破裂联系起来，称为"腐蚀破裂"。

1853 年，Anon 就开始研究锅炉腐蚀。他曾发现管道因腐蚀导致的破裂。

　　1926 年，S. W. Parr 等把这种破裂称为"碱脆"。

　　1930 年，W. C. Rion 发表了镍铬奥氏体不锈钢发生应力腐蚀破裂（简称 SCC）的第一篇报道。

　　1917 年，B. P. Haigh 在研究防鱼雷钢丝网发生断裂原因时，发现了腐蚀疲劳现象。因为钢丝绳在海浪中随风浪而发生振动，受到一个交变应力的作用，且在海水腐蚀的联合作用下而产生腐蚀疲劳破裂。有人统计，机器损坏的原因 80%是由疲劳引起的，飞机失事往往也与腐蚀疲劳有关，因此腐蚀疲劳的研究引起了军工和航空工业界的重视。1926～1930 年间，McAdam 在美国海军工程试验站（U. S. Naval Engineering Experimental Station）进行了腐蚀疲劳的系统研究。1935 年左右，在 H. Sutton 领导下，英国皇家航空机制造厂对腐蚀疲劳的研究取得成效。在之后的 20 年间，电台、报纸报道的飞机事故中，英国航空事故远少于美苏。这可能与他们对腐蚀疲劳研究取得成效有关。引起腐蚀破裂的另一种因素是由于金属或合金首先发生了晶间腐蚀，或者氢脆、或者在液态金属中的脆性。晶粒的界面有着与晶粒内部不同的性质，关于晶界的研究已经有 100 多年的历史了，但是晶间腐蚀的研究则是从 20 世纪 30 年代开始的。1933 年，E. C. Rollason 发现不锈钢在敏化温度处理后易发生晶间腐蚀。1941 年，R. B. Mears 和 B. H. Brown 发现含铁杂质的铝，晶界相对于晶内是阳极性的。同年，意大利 R. Piontelli 和 F. Cremascoli，以及德国 E. Andres 和 K. Löhberg 分别发现了锌-铝模铸合金的层状腐蚀（exfoliation corrosion）。这种腐蚀本质上是晶间腐蚀。早在 100 多年前就已由曼彻斯特理工学院的 W. J. Johnson 在一次皇家学会的报告中提到了氢对铁合金的破坏作用。

　　1924 年，C. A. Edwards 首先发现了"氢疱"现象。他发现软钢在酸洗之后拿去热镀锡或锌，或者酸洗后拿去搪瓷，经过一段时间，镀层起疱、搪瓷破裂。1940 年，C. A. Zappfe 和 C. E. Sims 发现了氢脆，并指出"氢是许多（腐蚀）事故发生的原因"。1960 年，W. D. Jones 报道了在氢的气氛下碳钢可能发生甲烷脆，这是由于钢中的渗碳体（Fe_3C）被氢还原为铁并生成甲烷（CH_4）。在高温水蒸气中，钢中的渗碳体与水生成氢与一氧化碳，铁与水生成氧化亚铁（FeO）和氢，氢再与 Fe_3C 反应生成甲烷，这是高温高压锅炉中钢管发生破裂的原因。

1927 年，R. W. Tomlinson 首先发现了微动腐蚀（fretting corrosion）。后人发现飞机上疲劳开裂通常发生在严重振蚀的位置上。因此有人把振蚀列入腐蚀疲劳一大类。前面提到奥氏体不锈钢（例如 18/8 不锈钢）在敏化温度（600~750℃）处理后易发生晶间腐蚀。不锈钢在焊接时由于温度梯度的作用，离焊缝较远的地方将处在敏化温度区，因此在这个区域上可能发生晶间腐蚀，称之为"焊缝腐蚀（weld decay）"。为了克服这种现象，在 20 世纪 40 年代后期已有人采用加入稳定化元素钛、铌、钼来改善不锈钢焊接腐蚀。然而，1951 年 M. L. Molzworth 和 M. G. Fontana 发现这些加入稳定化元素的不锈钢在焊接时虽然焊缝腐蚀消除了，却又出现一种新的腐蚀现象，腐蚀区离焊缝比较近，也比较窄。他们把这种腐蚀称为刀线腐蚀（knife line attack，KLA）。硫化氢对金属的腐蚀作用在 1927 年就有 Vernon 在进行研究，但当时在常温下的硫化氢腐蚀，没有令人担心的问题。50 年代由于石油化学工业的兴起，高温下硫化氢可以使碳钢、镍和不锈钢发生脆裂，称之为"硫化氢脆"。以上介绍的腐蚀都与腐蚀破裂有密切的关系。

1808 年，Von Widmanstatten 开创了镂蚀技术，他曾用硝酸在铁镍陨石上刻上了自己的名字。腐蚀主要起破坏作用，但是腐蚀也有其可利用之处，镂蚀就是其中的一种。镂蚀是由于晶体各向异性产生的，即不同的晶向和晶面有不同的溶解速度。早先镂蚀主要用在刻蚀矿石（例如 CaF_2、LiF 和 Sn）。1962 年以后才用于金属镂蚀（如 Cu、Al、Zn）。（0001）面的锌镂蚀后呈现出六边形的花纹。

1891 年，Garrett 首先发现细菌对金属腐蚀的作用。当时他认为由于细菌在代谢过程中生成氨、硝酸盐或亚硝酸盐，对金属有腐蚀作用。1910 年，Gaines 发现了硫酸盐还原细菌，他在钢铁水管腐蚀的地方发现了这些细菌的残骸。1934 年，Von Wolzogen 和 Von Der Vlug 发现了厌氧细菌对金属的腐蚀作用。60 年代，南非的科学工作者首先发现真菌在航空油箱中起腐蚀作用。

1881 年，V. B. Parker 首先发现电偶腐蚀现象。1918 年，O. Bauer 和 O. Vogel 研究了铁与铜、镍、锡、铅、钨、锑、铝、锌和镁接触时的腐蚀。

1919 年，C. A. Parsoon 和 S. S. Cook 发现了空穴腐蚀现象。

1924 年，U. R. Evans 研究了在玻璃皿下铜和铅的腐蚀，另外还研究了水线腐蚀。

1923～1924 年间，Vernon 发现了大气中灰尘引起点蚀的现象。这些都属于缝隙腐蚀。50 年代后，小孔腐蚀、缝隙腐蚀、SCC 成了腐蚀科学家的主要研究对象。由于这三种腐蚀有着相似的地方，即腐蚀的地方溶液体积很小，这里的溶液与外面溶液不产生对流。1969 年，B. F. Brown 把具有这种特征的腐蚀称为隐藏电池腐蚀（occluded cell corrosion，OCC）。也有人译作阻塞电池腐蚀。

1924 年，G. D. Bengough 和 R. May 在研究冷凝器腐蚀时发现了冲刷腐蚀（erosion）现象。

1894 年，有轨电车问世后不久，人们就发现电车轨道地下管道很容易腐蚀。

1903 年，在勃鲁克发现了一根直径 15 mm 的水管竟然有 70 A·h 的电流（瞬时值）通过。1913 年，E. B. Rosa 等发现了漏散电流腐蚀（也有人称为杂散电流腐蚀）。1920 年，G. Grub 和 H. Gmelin 发现交流电对铁腐蚀的作用。1926 年，由美国几个学会组成的联合委员会专门研究了电气铁路所引起的地下管道腐蚀。1933 年，日本也成立了电蚀防止联合委员会。

1932 年，Vernon 研究了"镍起雾"的原因。这是他于 1927 年发明"临界相对湿度原理"的一个成功的应用。

1939 年，英国剑桥 Fitzwilliam 博物馆发生了一次"青铜瘟疫"。因一些青铜文物曾被保存在木箱中，而木材分解的有机酸污染了箱内空气，造成青铜文物被腐蚀。

1952 年，E. C. Pearson 等发现了铝隧道化腐蚀现象。

1962 年，N. A. Nielsen 发现了 304 不锈钢（即 18/8）的隧道化腐蚀（corrosion tunnelling）。1969 年，P. R. Swann 用合金选择腐蚀原理解释了 Cu-

Au 和 Ni-Au 的隧道化腐蚀。

1960 年，O. L. Riggs 等发现钢铁在静止的碱液中发生结瘤腐蚀（tubular corrosion），并用氧浓差电池理论给予了解释。

1963 年，D. N. Staicopolus 报道了碳钢在酸中腐蚀时析出的气体占 87%、CH_4 占 4.5%、Cu 占 3.2%，事实说明，钢铁在腐蚀时碳和渗碳体参加反应。这种现象的发现为研究金属腐蚀开辟了新的道路，因为很多合金都可能含有碳化物。人类在实践中知道在有机介质中金属会发生腐蚀，例如铜在醋酸中会溶解，但是作为一个研究题目，还是在 1950 年从 H. H. Uhlig 研究钢铁在四氯化碳中的腐蚀开始的。1974 年，E. Heitz 在总结有机溶剂腐蚀时指出，金属在有机溶剂中可以发生电化学腐蚀也可以发生化学腐蚀。

就发生的腐蚀类型而言，除了电偶腐蚀外，同水溶液中一样，即可发生均匀腐蚀，也可发生局部腐蚀。合金在有机溶剂中发生小孔腐蚀、SCC 和氢脆同样有很大的危险性。第二次世界大战后，原子能工业、海洋工程和宇航工业成为现代科学技术的三大项开发性工程。在这些工程中遇到各自不同的腐蚀问题。在原子能工业中，遇到的是合金在液态金属钠和液态钾钠中的腐蚀，尔后是原子能锅炉中水的腐蚀；在海洋工程中，首先遇到海水淡化装置的腐蚀；在宇航工业中，遇到了高温、燃料、新材料腐蚀的新问题。许多现在使用的金属材料在类似火箭的速度下，其使用寿命可能只有几秒钟的时间。火箭的燃料中含有的 N_2O_4，可以引起 SCC。宇航用的金属复合材料可以发生选择性腐蚀。粗略地看，在 20 世纪 50 年代以前，人们发现腐蚀现象具有普遍性，这些现象成为腐蚀分类的基础。归纳起来可分为十大类腐蚀，即均匀腐蚀、电偶腐蚀、小孔腐蚀、应力腐蚀、腐蚀疲劳、选择性腐蚀、晶间腐蚀、氢病、冲刷腐蚀和缝隙腐蚀。但是，在 50 年代之后，由于金属材料的增加、腐蚀介质的更新，使得腐蚀现象具有特殊性。即使可以把它们划入十大类腐蚀中的某一类，但由于它们在腐蚀形态上和腐蚀机理上与早先的发现的有着很大的区别，要想讨论近期发现的腐蚀现象，必须分题讨论，而且内容庞大，不是"史话"所能胜任的。石灰乳涂敷法钢材防锈是一个量大面广的实际问题。北京市石灰厂采用一种钢材防锈的新方法——石灰乳涂敷法，取得了良好的实用效果。经过两年多的实践证明，凡涂有石灰乳的钢材表面，都未发现有生锈等常见的弊病。新方法的具体做法是，用生石灰加水，配制成5%～10%的石灰乳液，均匀地涂刷在钢材表面上，然后置于室内存放，即可获得有效的防锈效果。钢材需要使用时，可用纺头、刷子等擦刷，即可除去石灰层。石灰乳涂敷法经济、简便、易行，相对于涂油防锈而言，有节约油料和降低成本等优点。

5.2.2.2 腐蚀理论的发展

金属腐蚀有电化学腐蚀和化学腐蚀之分。原先金属氧化被认为是一种化学腐蚀，但今天认识到金属氧化也有着电化学的性质，因此金属的腐蚀主要是电化学腐蚀，因此使得电化学腐蚀理论的内容远比金属氧化理论丰富。

1）电化学腐蚀理论的发展

1800 年，A. Volta 发现了原电池。同年，W. Nicholson 和 A. Carlyle 就提出了铁在水中腐蚀的原电池作用假说。1801 年，Wollaston 发表"金属在酸中腐蚀的电化学理论"，其中写道：金属在酸溶液中如同接触的两种金属在水中一样。氢的发生是由于液体与金属之间发生了电子的转移，如同铁有能力使铜离子还原一样，也归因于溶液中有电流流动的结果。1830 年，A. De Rive 发表了"锌在酸性水溶液中腐蚀的电化理论"。他认为锌与其他的杂质组成微观的原电池而使锌腐蚀。因此锌的腐蚀速度取决于锌的纯度。事实也是如此。可以认为他的观点就是微电池腐蚀理论。今天这一理论仍然被广泛地应用。因此，曾有人认为这篇论文是电化学腐蚀理论的经典。

1833 年，法拉第（M. Faraday）发表了"法拉第定律"，为腐蚀的定量研究打下了基础。

1836 年，法拉第根据铁在浓硝酸浸蚀后腐蚀减慢的实验结果写出了"钝化的氧化膜或氧作用的理论"。

1842 年，W. R. Grove 提出了氢电极和氧电极的概念。

1873 年 J. W. Gibbs 提出了金属在水溶液中的热力学理论，并提出了 Gibbs 方程式。

$$T\left[\frac{\partial(\Delta Z)}{\partial T}\right]_p = \Delta Z - \Delta H$$

1879 年，Helmholtz 就提出了金属在水溶液中有双电层结构的理论。他认为金属表面的双电层结构如同平板电容器一样是固定的。1924 年，Stern 提出新的双电层理论，他认为这个两电层不是固定的，而是一个松散的结构。

1884 年，T. Andrews 实现了浓差电池电极电位的测量，并提到了电极电位与腐蚀的关系。

1887 年，S. Arrhenius 发表了电离理论，为现代电化学奠定了基础。同年，J. H. Van't Hoff 发表了"热力学理论在异电性溶液中的应用"。

1889 年，W. Nernst 发表了电解过程中超电压理论，并提出了 Nernst 方程式。

$$E = E_0 + 2.3\frac{RT}{nF}\log\frac{\sum a_{氧化}}{\sum a_{还原}}$$

1903 年，美国腐蚀科学界的先驱 W. R. Whitney 发表了"铁在水中腐蚀的电化学理论"。他与 De La Rive 的观点一致，肯定了微电池腐蚀的作用机理。美国腐蚀工程师协会（NACE）从 1947 年开始设立 Whitney 奖，以奖励在腐蚀科学理论上有贡献的科学家。而 Speller 奖则用来奖励在腐蚀工程上有贡献的工程师。

1905 年，J. Tafel 提出了 Tafel 公式：$E=a+b\log I$，这是研究腐蚀动力学（极化）的基本公式。

1927 年，W. H. J. Vernon 提出了"临界湿度原理"，成为研究大气腐蚀的基本工具。

1924 年，W. G. Whiteman 和 R. P. Russell 提出了双金属接触腐蚀的"集氧面积原理"。此原理的本意是指铜和铁接触时由于氧在铜上还原而使裸露的铁腐蚀加速，因此铜起着集氧面的作用。

1933 年，T. P. Hoar 和 U. R. Evans 发表了"铁腐蚀的电化学理论定量论证"。同时建立了腐蚀图解法。这是第一种腐蚀图解法。

1937 年，Г. В. АкиМОВ 和 Н. Д. ТомощсВ 先后发表了"多电极系统腐蚀理论"，也建立了多电极系统极化图解法。这是第二种腐蚀图解法。

1936 年，M. Pourbaix 开始研究电位、pH 与腐蚀的关系。1945 年，他发表了"电位-pH 图在腐蚀研究中的应用"。这是第三种腐蚀图解法。

1957 年，M. Stern 和 A. L. Geary 发现电极电位（E）与极化电流（I）的对数（$\log I$）之间在极化电位很小（30 mV）时，呈现直线关系。这种线性极化图解法就是第四种腐蚀图解法。

1938 年，C. Wagner 和 W. Traucl 通过实验提出混合电位理论（mixed-potential theory）。他们认为在放氢型腐蚀时，阳极区和阴极区并不是固定的（与微电池腐蚀原理的解释不同）。它们可以在不同瞬间在同一点上交替地进行。此时测得的电位称为混合电位。在该电位下，阴极反应与阳极反应的速率相等。由此，引出了交换电流的概念。他们还提出了"Wagner-Traucl 腐蚀速度方程式"：

$$I = i_k \left[\exp\frac{2.303\Delta E}{b_a} - \exp\frac{2.303\Delta E}{b_e} \right]$$

从 1801 年到现在，在水溶液中的腐蚀除了电化学理论外，还有 19 世纪末期的"碳酸理论"，持这种观点的有：T. O. Bergman、A. L. Lavosier、W. Austin、M. Hall 和 H. Davy。1905～1906 年，T. Moody 和 J. A. N. Friend（Vernon 的老师）先后提出了"酸性理论"。1921～1922 年，Friend 和 G. D. Bengough、J. M. Stuare 先后提出的"胶体理论"。这一理论认为 $Fe(OH)_2$ 被氧化成 $Fe(OH)_3$，然后 $Fe(OH)_3$ 又被铁还原，反应在胶体中进行，因此铁腐蚀得以连续发生。1905 年，T. Moody 曾提出"过氧化氢理论"。1904 年，Scholer 提出"生物腐蚀理论"。1913 年，Vaubel 提出"硝酸盐腐蚀理论"。

1929 年，Evans 还提出了腐蚀原因的络合理论。60 年代，美国的 F. Brown 和意大利的 G. Faita 进一步发表了"络合理论"。应当看到，Evans 的"极化图"、Г. В. АкиМОВ 和 Н. Д. ТомощсВ 的"多电极系统理论"、Pourbaix 的"电位-pH 图原理"和 Wagner 的"混合电位理论"构成了现代电化学腐蚀理论的四根支柱。自他们的发明以后，至今还没有一种影响如此深远的腐蚀理论。如果说要提一下的话，那么还有以下一些理论：

（1）1911 年，F. Flade 发现了钝化消失的电位，称之谓 Flade 电位。

（2）1934 年，E. C. Bain 等发表了"奥氏体不锈钢晶间腐蚀的机理"，提出了贫铬理论。

（3）1934 年，A. H. Von Wolzogen 提出了"厌氧细菌腐蚀理论"。同年，T. P. Hoar 提出了小孔腐蚀的"酸化理论"。

（4）1939 年，H. H. Uhlig 和 J. Wulff 提出"不锈钢钝化的电子理论"。

50 年代以后，人们发现局部腐蚀的危险与可能性日益严重，因此局部腐蚀研究引起了腐蚀科学界的关注。也曾提出了某些局部腐蚀的理论解释。到 1970 年为止，关于这方面的理论主要有：Pourbaix 的"局部腐蚀的化学基础"这是从电位-pH 图出发的解释；G. Faita 的"络合理论"；J. Newman 的"局部腐蚀几何形状下传质与电位分布理论"；K. T. Aust 的"晶界腐蚀与脱溶"；以及从 R. P. Piontelli 所开始的，由 M. B. Iver 所发展的"晶体各向异性理论"。应力腐蚀破裂是局部腐蚀中研究得比较多的一种，但是由于各方面的人士分别从自己的学科领域去解释 SCC 问题，归纳起来有三个方面，即电化学、金属物理和断裂力学的解释。电化学方面的解释有 1963 年以 Hoar 和 Hines 提出的"裂纹尖端快速溶解理论"为代表；在金属物理方面的解释有 1944 年 Mears 提出的"阳极相析出"理论；在断裂力学方面的解释有 1968 年 B. F. Brown 提出的应力腐蚀强度因子理论（B. F. Brown 曾获 1974 年的 W. R. Whitney 奖）。最后我们还应当提到 1933 年 Evans 和 R. M. Mears、P. E. Quenean 提出的腐蚀统计性。他们认为：腐蚀量（W）不仅取决于腐蚀速度（C），而且还取决于腐蚀的概率（Q）。一般来讲有以下关系：$W = C \cdot Q$。但是在局部腐蚀中获得腐蚀概率数据比获得腐蚀速度的数据更为重要（这里的速度指的是平均腐蚀速度）。以及，1974 年 E. Heitz 提出的关于有机溶剂腐蚀的"极性"理论，即有机溶剂的腐蚀性与极性有关。

2）金属氧化理论

关于金属氧化的理论主要有 Evans 的"干腐蚀机理"（1923 年）、Pilling-Bedworth 原理（1923 年由 Pilling 和 Bedworth 所提出），以及 C. Wagner 的"金属变色与氧化的电化学理论"（1933 年）。"干腐蚀的机理"指出金属氧化受金属之向外或氧之朝内通过固体膜的过程所控制，物质通过膜的速率主要决定于晶格缺陷；Pilling-Bedworth 原理主要指出金属原子的体积与金属氧化物体积比小于 1 时，即氧化物体积大于金属原子体积时有利于生成保护膜，反之则不利于生成完整的保护膜。当然氧化物的体积太大时则会引起膜的内应力，也不能生成性能良好的保护膜。Wagner 的氧化电化学理论首先确定氧化膜的半导体结构。例如氧化亚铜不是金属原子与氧原子的结合，而是亚铜离子（Cu^+）与氧离子（O^{2-}）的结合。因此金属在氧化时，有电子交换过程，是一种电化学过程。氧化膜既然是一种半导体，它与金属一样有着许多相似的电化学性质，例如在水溶液中可以测量半导体的电极电位。氧化膜的溶解也是一种电化学腐蚀。由于温度的不同、材料性质的不同，金属氧化（在空气中）也有不同的规律。不少学者使用数学公式来表征这些氧化的规律。关于氧化的方程有很多，如抛物线方程（Tammann，1920 年）、对数方程（Tammann，1922 年）、混合的抛物线方程（Evans，1924 年）；1933 年 C. Wagner 根据颗粒的运动部分依赖于电位梯度、部分依赖于化学梯度的假设，计算出抛物线方程：$dy/dt = k_2/y$，其中 k_2 结果与实验结果惊人的一致；1955 年 Evans 提出了金氧化的倒对数方程；1948 年 N. Cabrera 和 N. F. Mott 提出了金属氧化的正对数方程；1958 年，J. N. Wanklyn 提出了金属氧化的多次方程：$y = kt^n$，其中 n 在 2.0～3.5 之间。今天氧化腐蚀再不局限于氧的作用。金属在高温硫化物中的腐蚀，表面上有熔盐离子相时称热腐蚀。

5.2.2.3 腐蚀科学技术研究方法的发展历史

1. 概论

腐蚀科学的研究方法与其他自然科学的研究方法有着共同之处。主要的研究方法就是观察、思考和试验。据说 A. Volta 发现原电池作用是通过青蛙的解剖获得启发的。W. H. Wollaston 提出"金属在酸中腐蚀的电化学理论"是根据他观察铁在酸中发生溶解并析出氢气的现象后用原电池原理来解释的。在这里我们看到思维的作用，因为铁在酸中发生溶解并析出氢气的现象早在 1766 年就被卡文迪许所发现，而当时卡文迪许并没有想到它与金属腐蚀的关系。同样，1673 年，波义耳曾作过铜在氧气中猛烈燃烧后铜片增重的试验。但是当时波义耳并不知道这是铜氧化的结果。卡文迪许和波义耳都错误地把他们的研究结果看作是燃素的生成，为荒谬的"燃素论"服务。虽然腐蚀科学从 1801 年 W. H. Wollaston 提出腐蚀的电化学理论就开始了。但是，在到 19 世纪的 100 年间，人们研究腐蚀科学的方法基本上停留在观察与假设的基础上。试验工作甚少。屈指可数的有 1837～1843 年间由英国科学促进会投资，R. Mallet 所主持的"铸铁和熟铁在各种水质中的腐蚀试验"，以及 1884～1894 年间，T. Andrews 所进行的电极电位测量与腐蚀关系的研究。20 世纪 20 年代开始，腐蚀与保护科学研究进入新的高潮。此时，主要有英国剑桥大学、英国皇家化学实验室、英国有色金属学会大气腐蚀委员会（后改为由英国钢铁学会所辖）和美国材料试验协会（ASTM）等单位的腐蚀科学工作者们围绕着腐蚀机理、腐蚀速率、腐蚀产物的组成与结构以及为防腐目的选材诸方面进行研究。他们创建了许许多多的腐蚀与防护科学的研究方法，为现代腐蚀科学研究奠定基础。20 世纪 40 年代以后，腐蚀与防护科学的研究方法进入了标准化的时代。据笔者统计，列入英国标准（BS）的腐蚀试验方法就有 6 个；德国列入标准的（DIN）腐蚀试验方法有 13 个；在美国，列入 ASTM、NACE 和 FTM 的腐蚀试验标准有 38 项；此外还有工业部门制定的腐蚀试验标准，例如美国福特汽车公司的阳极氧化铝耐蚀试验（FACT 试验）、英国航空工业部的铝合金应力腐蚀（SCC）试验（又称 Black 试验）等等。综合起来，至少有 200 种腐蚀试验方法。就试验的场所而论，腐蚀试验分为实验室试验和野外（或现场）腐蚀试验两大类。最早的腐蚀试验（1837～1843 年 Mallet 所做的试验）是在野外的挂片试验。各国著名的腐蚀研究机构和工作者都十分重视野外的或现场的腐蚀试验。例如，英国的 Evans、Vernon，美国的 F. LaQue 和苏联的 Г. В. Акимов、Розенфельц 等。终生不渝地从事野外腐蚀试验工作的有英国的 Hudson。从 1911 年至今，坚持野外腐蚀试验的研究机构是美国的 ASTM。由于影响腐蚀的因素很多，材料腐蚀涉及各行各业，所以腐蚀科学是一门多学科交叉的边缘的学科。由此而来，腐蚀科学研究方法是多学科性的。归纳起来有化学的方法，特别是电化学的方法；物理学的方法，其中包括光学、电学和机械学的方法；金属学的方法；数学的方法，特别是数理统计的方法；以至还有生物学和经济学的方法；等等。许多新的腐蚀研究方法趋向于各科的综合。例如，已有人把光学与电化学、机械学和电化学的方法组合来研究腐蚀问题。

2. 腐蚀电化学研究方法的发展历史

人们是从原电池开始来研究金属腐蚀的。之后的研究也证明化学腐蚀是腐蚀中最常见的一大类。因此对于腐蚀的电化学研究历史最悠久、数量最大。归纳起来，腐蚀的电化学研究主要分为热力学和动力学两大部分。

1）腐蚀热力学的研究方法

1884~1894 年，T. Andrews 首创用测量电极电位的方法来研究溶液浓差电池和应力差电池腐蚀的问题。1878 年，Gibbs 的"水溶液热力学理论"和 Gibbs 方程；1887 年，S. Arrhenius 的"电离理论"和 1887 年 J. H. Van't Hoff 的"电解质溶液的热力学应用"为 1889 年 W. Nernst 推导电极电位理论公式（能斯特方程式）提供了理论基础，成为腐蚀研究一个很重要的热力学方法。1899 年，W. A. Caspari 建立了氢超电压的测量方法；1918 年，O. Bauer 和 O. Vogel 研究了 10 种金属在氯化钠溶液中的腐蚀，发现金属腐蚀性与标准电极电位之间有着对应关系。从此出现了用标准电极电位序来评价金属耐蚀性的方法。直到 1930 年，Г. В. Акимон 指出其错误为止。在此之后，又出现了用金属在海水中的电位序来评价金属的耐蚀性，并用两种金属间的电位差超过 0.25 V 为电偶腐蚀发生的标志。这一标准称之为"四分之一伏特"标准。1955 年，H. P. Goddard 又指出了这种方法的错误。因为电极电位属于热力学性质，孤立来看，它不能反映过程的动力学。热力学只能说明腐蚀的可能性，而不能说明腐蚀的发展。腐蚀的热力学研究从 1936 年比利时学者 M. Pourbaix 研究"稀水溶液中的热力学"开始，至今有新的发展。这项研究成为 Pourbaix 在 1945 年建立"电位–pH 图"的基础。"电位–pH 图"是一种研究腐蚀的热力学图解法。

2）腐蚀过程动力学的研究方法

1905 年，德国学者 J. Tafel 发现在简单的电极反应中，电位与电流之间存在着对数关系，提出了电极过程动力学的基本公式——Tafel 公式。它是极化法测量腐蚀速率方法的基础。1911 年，F. Flade 研究了铁在硫酸中阳极过程的性质。他发现在某一数值的电位下，铁失去钝性。这种特征电位称为 Flade 电位。1923 年，Evans 设计了一种氧浓差电池的电流测量装置，试验证实了腐蚀电流的存在。1924 年，Evans 又设计了缝隙腐蚀的试验方法。他把一个表面皿放在铅板上，表面皿上还加上砝码。结果在铅板上出现了环状腐蚀。同年，Evans 和 R. J. Andson 采用了外加电势使金属加速腐蚀的试验方法，并试图用法拉第公式来计算腐蚀速度。后来证实这种想法是错误的。所以这种"电化学方法"在今天仅仅是历史的意义了。金属阳极过程的详细研究是从德国学者 W. J. Muller 和他的同事在 1934 年开始的。当时他们曾用偏振光显微镜来研究阳极极化后金属表面的结晶结构。不过，Muller 的阳极极化试验电路既不是恒电位，也不是恒电流的，因此试验的结果不能令人满意。今天，极化测量有恒电流和恒电位两种。恒电流法始于 1939 年。当时这种极化方法用于定量测定钝化膜的厚度。1953 年，M. A. Streicher 用恒电流极化法评比不锈钢在草酸中的晶间腐蚀敏感性；1966 年，R. L. Saur 用恒电流极化法来评比 Cu-Ni-Cr 复合镀层的耐蚀性。这种试验方法称为电解腐蚀试验（electrolytic corrosion test），简称 EC 试验；同年，J. Stone 等用恒电流极化法评定了阳极氧化后铝的耐蚀性。这一方法称为福特阳极氧化铝腐蚀实验（Ford anodized aluminium corrosion test），简称 FACT 试验。1969 年，J. Stone 用恒电流极化法检验划痕后涂层附着力的好坏，建立了在划痕表面上的油附着力（paint adhesion on a scribed surface）测试，简称 PASS 测试。恒电位极化法始于 1942 年，为 A. Hickling 所开创。他把这种试验装置称为"恒电位仪"（potentiostat）；1945 年，J. H. Bartlett 和 L. Stephenson 最先使用机械传动的自动恒电位极化法；1953 年，荷兰的 R. Oljvier 开始使用了电子式恒电位仪。目前已涌现了附有微型电子计算机的恒电位仪。但无论是手动恒电位法还是机械传动的恒电位法，都跟踪不了电极反应的速度。因此又出现了快速的极化测量方法，或称为暂态极化测量法。这种方法是由日本的冈本刚在 60 年代初开创的。由于恒电位极化法有研究阳极过程的优越性，使得这种方法在腐蚀研究中获得广泛的应用。例如：1960 年，N. D. Greene 用静态恒电位法研究了氧化剂对阳极保护的作用；1963 年，H. M. Колотыкин 用静态恒电位法研究小孔腐蚀；1966 年，G. Trabanelli 等用静态恒电位法研究了 Cr-NCr-Ni 镀层的耐蚀性；同年，T. P. Hoar 用动态恒电位法研究了冲刷腐蚀；1967 年，B. E. Wilde 用动态恒电位法研究了不锈钢在核反应堆环境下的耐蚀性（介质为高温高压水）；1969 年，R. L. Chance 用恒电位法研究了钢铁磷化膜的耐蚀性；同年，I. D. Dirmeik 用恒电位法研究了金属在熔盐中的阳极钝化。早在 1879 年，Helmholtz 就提出了固体/液体的界面上有双电层存在的观点。直到 1919 年，A. H. ФруMкиа 用电毛细管试验来研究双电层结构。1947 年，D. C. Grahame 提出电极表面可看作是一个简单的电阻与电容串联的网络，出现了阻抗测量法。1962 年，A. C. Makvides 首先用低频正弦波极化法测量了腐蚀电池的阻抗；1963 年，Розенфельц 用阻抗测量法研究了涂料中颜料的作用；1964 年，T. Murakowa 等用脉冲极化法研究了对铁在酸中的缓蚀作用；1965 年，M. A. Heine 用交流阻抗法研究了氯离子和硫酸根离子对被覆有氧化膜的铝腐蚀的影响；1970 年，ASTM 建立了一种评定阳极氧化后铝耐蚀性的试验方法。这种方法属于交流阻抗法。这一试验简称为 Aztac 试验。

在腐蚀的电化学研究中，一个十分重要的工作就是电解池的设计和参比电极的选定。其目的是使实验的条件更接近于实际。众所周知，大气腐蚀是在一层很薄的液膜下的腐蚀。早期的大气腐蚀电化学试验都是把试片浸入氯化钠溶液中进行的。1960 年，Розенфельц 首先设计了一种研究大气腐蚀的薄膜电化学测量装置。试片只保留在一定相对湿度下的水膜（50～100 μm），参比电极靠微调器调节使其与液膜接触而又不与试片短路。1965 年，Pourbaix 设计了一种转鼓式的大气腐蚀电化学测量装置。60 年代，人们对于局部腐蚀的研究有更大的兴趣，有针对性的局部腐蚀电化学方法不断涌现。例如：比利时腐蚀研究中心实验室主任 Von Muylder 设计了一种人工小孔腐蚀试验装置颇受欢迎。另一方面为适应微区腐蚀研究的需要，出现了微电极的制造，其中有头发丝大小（5 μm）的 pH 电极，Ag-AgC1 电极以及离子选择电极；等等。1974 年，J. Kruger 把椭圆偏振光技术与电化学测量联结在一起，设计了椭圆电化学试验装置。70 年代初期，出现了一种新的局部腐蚀电化学研究方法。这种方法称为"循环极化法"。这一方法的要点是在金属阳极极化到超钝化之后实行回扫。根据回扫曲线与原极化曲线的偏离程度来判断局部腐蚀的危险性。

3. 其他实验室腐蚀试验方法的发展历史

这些实验室腐蚀试验的目的是验证腐蚀机理、测定金属的腐蚀速度、金属材料发生某种腐蚀的敏感性、腐蚀产物的组成与结构分析、防腐方法的效果等等。涉及试验条件的制定（包括腐蚀介质组成与浓度、试验期限、浸蚀方法等等）和腐蚀后试片的评定方法。

1）腐蚀速度的测量方法

重量法是测量腐蚀速度的一种经典方法。在 20 世纪 40 年代以前主要是使用普通的分析天平。1942 年，E. A. Gulbransen 设计了一种专用的氧化天平来研究金属的氧化腐蚀。后人把这种天平称为 Gulbransen 天平。用重量法来跟踪腐蚀过程费时、费材。为此出现了容量法测腐蚀速度。这种方法也称量气法。最早出现的量气法腐蚀计是 20 年代英国皇家化学研究实验室腐蚀部主任 G. D. Bengough 设计出来的。经过改进之后，这种腐蚀计既可测氢腐蚀型，也可测氢和氧腐蚀共存的腐蚀行为。1930 年，F. J. Wilkins 和 E. K. Rideal 建立了追踪金属氧化的吸附理论。金属表面膜的成长规律是 20 年代腐蚀科学研究的主要课题。其研究的方法主要是光学方法。1920 年，G. Tamman 首先用光学法研究了银在碘蒸气中变色的行为，根据金属上膜的颜色与玻璃间空气膜的颜色比较测定了金属膜的厚度。虽然 Tamman 的测量结果是粗糙的，但是他所提出的膜增厚的抛物线规律是正确的。1925～1929 年间，Evans 和 L. C. Bannister 研究了金属表面膜色彩序列的起因，采用量电法、重量法与光学法作比较，建立了干扰色彩测厚法，从而改进了

Tamman 的试验方法。1927 年，F. H. Constable 采用分光光度计测量金属表面膜反射光的波长来确定膜厚。1931 年，正在剑桥大学工作的瑞典人 L. Tronstad 首先建立了椭圆偏振光技术来研究金属的表面膜的性质。研究金属氧化膜成长的另一种方法称为标记法。这是 1929 年由 L. B. Pfeil 所创建的。当时他把氧化铬涂在金属试片上，加热试片，发现铬处在膜的底部。他把氧化铬称为标记物质。50 年代，人们用放射性同位素作为标记物质研究了铁上铬酸盐膜的厚度和组成。所谓量电法测厚是根据膜的阴极还原所需要的电量来计算膜厚的方法。这种方法在 1925 年就为 Evans 所采用。不过当时尚未有恒电流装置。直到 50 年代以后才建立了恒电流的量电法。

2）表面膜和腐蚀产物的分析方法

金属表面膜的性质除了光学方法的研究外，还有电子光学的研究。1927 年，Davison 和 Germer 首先采用了低能电子衍射法研究金属上很薄的氧化膜结构。至今已经有包括俄歇电子光谱在内的 21 种电子光学分析法（也称电子显微分析法）。X 射线衍射法研究金属氧化膜的组成和结构出现在 1954 年（Evans 及其同事所用）。这种方法是建立在表面膜剥离技术成功的基础上，而表面膜剥离技术首先在 1939 年为 Vernon 所研究成功。Vernon 还早在 1929 年用化学分析法分析了不同季节在伦敦室外暴露的铜表面上腐蚀产物的组成。其主要成分为 $CuSO_4 \cdot 3Cu(OH)_2$ 和少量的 $CuSO_3 \cdot Cu(OH)_2$。

3）腐蚀试验条件的改进

在实验室里进行腐蚀试验有两项要求：一是真实性，二是试验时间短。为此，腐蚀科学工作者花费了不少的精力。

（1）腐蚀介质的选定。

早期的腐蚀科学工作者曾试图用酸腐蚀来达到加速腐蚀的目的。后来发现用酸腐蚀试验法评定的金属耐蚀性与许多介质下的耐蚀性有很大的差异。为此又出现了以氯化钠水溶液或人工海水作为腐蚀介质。1931 年，Bengough 详细地研究了浓度从 $\dfrac{N}{10}$ 到 $4N$ 的氯化钠水溶液对许多种金属腐蚀的作用，发现了腐蚀速率与盐浓度成反比关系。40 年代，美国海军实验室又再次详细研究了氯化钠浓度从 3%～20%对腐蚀的影响。有相似的结论。所以今天在用氯化钠溶液作腐蚀试验介质时，通常都是用低浓度。在英国惯用 5%，在美国惯用 3%～3.5%。人工海水的配制从 1930 年到 1961 年间，英、美、德、法四国就有 12 种配方。其中以 1947 年美国的人工海水配方最复杂。在早期，英国的人工海水中还加入少量的皂角苷或胱氨酸作为有机添加剂。除了氯化钠溶液，还有氯化镁和氯化铁的水溶液作为腐蚀试验介质。不同的金属材料、不同的腐蚀敏感性往往用不同的腐蚀介质。在这里我们仅以不锈钢的晶间腐蚀敏感性试验为例：1930 年 W. R. Huey 采用了硝酸煮沸法，后人称为 Huey 试验；1932 年 W. H. Hatfield 用硫酸铜加硫酸的煮沸法（后来为了检验不锈钢焊接腐蚀而用硫酸铜浸蚀，称为 Strauss 试验）；1953 年，M. A. Streicher 用草酸为电解质，1958 年用硫酸亚铁-硫酸为电解质的阳极腐蚀法来检验不锈钢的晶间腐蚀敏感性。关于 SCC 腐蚀的试验介质，最早有 Beckinsale（1920 年）用 0.5%硝酸汞溶液来浸蚀黄铜来研究黄铜季裂腐蚀。后来也被用来检验铝合金 SCC 腐蚀的敏感性。不锈钢的 SCC 敏感性检验法是在 1943 年由 M. A. Scheil 提出的：40%～50%氯化镁-盐酸（调 pH=2.1）溶液浸蚀。1945 年改为 60%氯化镁 pH=4 的溶液。

（2）浸蚀方法的改进。

在 20 年代以前，人们所做的腐蚀试验都是把试片全部浸入腐蚀介质中。1924 年，Evans 在研究试片半浸在腐蚀介质中出现的所谓水线腐蚀时，了解到在气液交界处腐蚀更严重。1928 年，H. S. Rawolon 发现铝片周期性地浸入溶液中的试验结果接近于大气腐蚀的结果；1929 年，Kink 和 Decroly 就设计了一种升降式浸蚀装置。1945 年，W. D. Robertson 设计了转鼓式间歇浸蚀装置。同年，B. C. Mudden 设计了一种应力腐蚀间歇浸蚀的专用试验装置。1930 年，Beigman 详细研究了试片面积与腐蚀溶液体积的关系。定出了 6 mL/cm² 的标准；1945 年 ASTM 制定的标准为 40 mL/cm²；而现在改为 240 mL/cm²。大约在 1837 年，Mallet 进行腐蚀试验时就采用了类似百叶箱的装置。腐蚀的箱式试验在 20 年代就已开始建立。后来这种箱式试验分别发展成为潮湿箱、盐雾箱和老化箱试验。而盐雾箱试验的中性盐雾

（5% NaCl）试验在 40 年代已列入英、美的试验标准。后来为模拟工业大气腐蚀的目的而建立了"醋酸盐雾试验"（AASS），为了缩短试验周期又出现"铜-醋酸盐雾试验"（CASS）。1961 年，ASTM 把这三个方法列入标准（B117、B287 和 B368）。老化箱早期又叫"风蚀计"，是 1931 年由 Evans 和 Hudson 所分别设计的。1947 年，Vernon 对"风蚀计"进行改进，更接近于现代的老化箱。1948 年，Preston 制定了一种凝露试验，称为烧杯试验或 C.L.R（英国皇家化学实验室的简称）试验，后列入英国标准（B. S. 1391—1952），之后发展成为凝露箱试验。箱式试验还有 1958 年 J. Folwarde 设计的人工大气腐蚀试验箱，主要用于 H_2S 和 SO_2 腐蚀试验。腐蚀的试验周期是试验条件的一个因素。对此其他专家们也曾有研究。1947 年，A. Wachter 和 R. S. Treseder 提出"试验周期计划化"，它是根据腐蚀溶液的腐蚀性和金属材料的耐蚀性随着时间的变化关系进行综合评定后确定每次腐蚀试验的时间。但是对于综合评定的参数，事先要做大量的实验。因此这种方法没有推广。他们又提出一个简单的公式来确定试验时间：

$$试验时间（h）=\frac{2000}{腐蚀率（mpy）}$$

从公式可见，首先要知道腐蚀率，但哪怕是大概的数值也是不易知晓的。现在通常按 48～168 h（即 2～7 d）选定。

（3）腐蚀的评定方法。

腐蚀的程度并不是任何时候都用速度来表示的。根据不同评定方法引进了一些几何的量或物理的量。例如，锈蚀面积和锈蚀点数评比法：50 年代初英、美、德、瑞典等国建立了以锈蚀面积占总面积的百分比和腐蚀总数的腐蚀评级标准。今天这种腐蚀评定方法仅用于电镀层的耐蚀评级。电阻法：根据金属丝腐蚀后表面电阻升高或者由于腐蚀金属丝的截面积变小而电阻升高的原理可以判断金属丝腐蚀的程度，也可以用来评定介质的腐蚀性和缓蚀剂作用等。最早使用电阻法是 1923 年，Pilling 和 Bedworth 在研究钨丝氧化时采用的。1927 年，Hudson 也用了电阻法来评比各种钢在大气腐蚀下的耐蚀性。1947 年，R. R. Seeber 设计了一种电桥式电阻法装置来研究缓蚀剂的作用。后来这种装置被改进为"电阻腐蚀探针"，作为腐蚀监控的一种手段。70 年代初，我国石油工业中曾一度使用这种方法。机械性能衰减法：金属腐蚀后，许多机械性能下降。例如抗拉强度减小、延展性减小以及表面硬度减小等。1929 年，Hudson 就用抗拉强度测量法来评定钢铁在大气腐蚀中的耐蚀性。1946 年，W. D. Robertson 就用机械性能衰减法来研究铝合金的 SCC 行为。指示剂法（或称显色法）：早在 1926 年，Evans 就用酚酞-铁氰化钾为指示剂定性地验证了铁腐蚀的电化学行为，1950 年，M. Stern 用邻菲罗啉为指示剂鉴定了钢铁腐蚀的开始阶段。1954 年，G. N. C. Milner 用乙二胺四乙酸（EDTA）作为铝、锆、镓的显色剂；1958 年，H. Green 用试铁灵来检测铝的腐蚀。同年，L. Meies 用铬的比色法来鉴定铬合金的腐蚀。

4. 野外的和现场的腐蚀试验

"真实的试验，是在现场挂片的试验"，这是 1879 年 Parker 在总结 Mallet 试验成果中提到的一句话。这种思想至今仍有深刻的影响。在英国，除了 1837～1843 年 Mallet 的野外腐蚀试验之外，还有 20 年代以 Hudson 为首的英国有色金属学会大气腐蚀委员会所进行的十年大气曝晒试验。对此，Evans 给予了很高的评价。他认为 Hudson 不知疲倦地工作"为人们提供了各种材料在各种类型大气中的腐蚀行为的大量可靠数据"。在美国，从 1911 年就开始了大气腐蚀的曝晒试验。当时由 Buck 主持的曝晒试验是为 Sucquehunna 河大桥进行选材和确定涂料的使用而进行的。当时的选材包括了新研制的耐候钢——含 Cu 0.15%～0.25%的钢。从 1916 年至今坚持大气腐蚀曝晒试验的 ASTM 在大气曝晒的方法上也作了不少革新。原先在英国采用的水平放置试片和 Evans 的 12° 倾斜挂片被改为 18°，之后又改为 35°，40 年代后改为今天所用的 45° 挂片。ASTM-B-3 委员会还制定了大气中电偶腐蚀的挂片方法。在海水腐蚀的现场试验中，首先是英国海洋行动委员会从 1930 年开始在英国本土、新西兰、斯里兰卡等地区进行钢铁海水腐蚀试验。然后是 1935 年美国国际镍公司在 Kure 海湾的 Harbor 岛建立的海水腐蚀试验站。1950 年，Harbor 试验站建成为世界上最大的综合性的腐蚀试验站。美国海军实验室海水腐蚀试验的特点是在深海中进行的。挂片的深度最大的在 3660 m 的深海处。1922 年，K. H. Logan 在美国国家标准局（NBS）开始了土壤腐蚀的现场试验。1957 年，NBS 的腐蚀试验的样品有 37 000 个，分布在 128 个地方，试验周期最长的有 17 年。化工腐蚀是个严重的问题。因此化工厂的现场腐蚀试验也很受重视。主要的问题是试片夹具的设计。1929 年，R. J. Mckay 等首先设计了一种化工厂现场腐蚀试验的夹具。这种方法在 1946 年被列入 ASTM 标准。

5.2.2.4　耐蚀材料的发展

人类进入以防止腐蚀的目的而研制新材料的历史可以说是从 1860 年开始的。因为在这一年，B. S. Proctor 为了克服海船上黄铜构件的腐蚀而研制了比较耐海水冲刷腐蚀的铝青铜。1890 年，英国 Mond 镍公司成功研制了加锡的耐海水腐蚀的黄铜，这种黄铜叫作海军黄铜（admiralty brass）。1906 年，A. Monell 研制成功了一种含镍的铜合金，取名蒙乃尔（Monell）合金。这种合金不仅耐海水腐蚀，还耐许多化工介质的腐蚀。至今还在许多腐蚀严重的地方使用。可以说它是不锈钢出现以前的“不锈钢”。1911 年，美国研制了含铜钢，并将其作为一种耐候钢使用。1912 年，德国的 E. Maurer 和 B. Strauss 研制了奥氏体铬镍不锈钢。1913 年，美国生产了耐蚀性很好的高硅铸铁（又名 Duriron）。1916 年，H. Brearley 获得美国铬不锈钢生产的专利。1922 年，G. D. Bengough 等研制了含砷海军黄铜。1925 年，C. B. Jacobs 研制的硅青铜获得美国专利。1926 年，B. Strauss 研制的 Cr-Ni-Mo 不锈钢获得美国专利。同年，英国 Mond 镍公司生产 70 铜 30 镍合金。1929 年，R. S. Huton 的铝黄铜获得英国专利。1929 年，P. D. Merica 的因康镍合金（Inconel）获得英国专利。因康镍合金是一种镍基合金，适用于还原性的介质中。同年，B. E. Fiel 研制了哈氏合金 A（Hastelloy A），这也是一种镍基合金，含有 Mo 和 Cr，具有抗高温、耐蚀的特点。1933 年，E. Houclremont 报道了加入钛的不锈钢提高耐蚀性的情况。1939 年，F. T. McCurdy 报道了哈氏合金 C（Hastelloy C）的应用。哈氏合金 C 也是一种 Ni-Cr-Mo 合金，但是 Cr 的含量达到 16%，具有抗氯离子介质中的孔蚀和 SCC 以及抗高温腐蚀性能。50 年代以后，美国出现许多种抗氯腐蚀的合金。例如哈氏合金 B，它是含 Mo 28% 的镍合金；抗氯合金 2 和 3（Chlorimet-2 和-3）前者为含 Mo 32% 的镍合金，后者为含 Cr 15%、Mo 18% 的镍合金。1948 年，美国开始了钛工业生产，为钛材应用开辟了道路。钛是一种新型的耐蚀金属材料，在许多化工介质中钛的耐蚀性优于耐酸不锈钢。目前，为了提高钛的耐蚀性，扩大钛在化学工业中的应用范围，各国正在研制耐蚀钛合金。60 年代初，苏联的 Кориилов 就研究了近百种钛合金，也因此获得了国家级奖励。目前钛合金主要集中在钛钯合金、钛钼合金、钛镍合金和钛钽合金。50 年代在美国锆作为耐蚀的金属材料进入民用市场，其牌号为 Zircaloy-2。70 年代出现了无结晶金属丝，已证明它的耐蚀性优于结晶型金属丝，虽然这种无定形金属材料的其他型材生产尚有困难，但是可用于复合材料。在非金属的耐蚀材料方面，主要有高分子材料。高压聚乙烯是由英国帝国化学工业公司（ICI）在 1933 年研制成功，并于 1939 年投产。1938 年，美国杜邦公司的 Carothers 发明了尼龙。最古老的塑料酚醛塑料（电木）是 1909 年由贝克兰发明的。而最新的耐蚀塑料则是氟塑料（除了聚四氟乙烯，还有乙烯与一氯三氟乙烯的共聚物 ECTFE，商品名为 Halar，聚三氟氯乙烯、聚偏氟乙烯等）。

5.2.2.5　防腐技术的发展

防腐技术主要有保护涂（镀）层、防腐处理和电化学保护三个方面。

1）保护涂（镀）层

1800 年，出现了热镀锡工艺。

1836 年，铸铁管可以渗镀锡。

1837 年，H. W. Craufurd 生产热镀锌铁皮获得英国专利。

1840 年，R. Mallet 报道了热煤焦油作为防腐涂层的应用。

1840 年，H. Elkington 获得英国电镀银的专利。

1869 年，Isaac. Adams 获得美国电镀镍的专利。

1906 年，T. W. Coslett 获得英国磷化工艺的专利。

1908 年，A. S. Cushman 报道了铬酸锌颜料的应用。

1909 年，L. E. Baekeland 获得美国合成树脂的专利。

1923 年，G. D. Bengough 和 J. M. Stuart 获得英国铝阳极氧化的专利。

1924 年，美国设立了镁、锌、镉、铜及它们的合金铬酸盐钝化的专利。

1927 年，出现了钢的草酸化工艺。

1949 年，《金属精饰指南》首先报道了镁合金阳极氧化的配方与工艺。

1960 年，N. P. Fedot′ev 和 S. J. Grilikhes 综合评论了锌和镉以及钢的阳极氧化的配方工艺和氧化膜的性质。

1954 年，P. E. Schmidt 提出了硅阳极氧化的工艺。

1955 年，D. A. Vermilyea 提出了锗阳极氧化的工艺。早一年，Vermilyea 还报道了钽阳极氧化膜的组成与性能。

1953 年，A. Charlesby 讨论了锆阳极氧化的电解条件与氧化膜的性能。

1923 年，O. Bauer 和 O. Vogel 获得铝化学氧化的德国专利。

1936 年，Pyrenr 公司获得钢化学氧化的英国专利。

1960 年，出现了铜合金化学氧化法的工艺。据 D. M. D. Stewart 报道：涂料的应用起于 12 世纪。当时的涂料是动物油脂。13 世纪后期出现了亚麻仁油涂料。

1600 年，英国 200 艘百吨的舰船（木制）用松香和松节油的涂料作防腐层。

1669 年，出现了铅丹亚麻仁油涂料。

1688 年，John Smith 就编写了《涂装艺术》，详细介绍了亚麻仁油涂料的应用。

1796 年，美国首先使用 ZnO 作涂料的颜料。

1852 年，人工合成的涂料颜料生产。

1900 年，Perkin 合成煤焦油。

据称 19 世纪初（1914 年）欧洲涂料的重大革新是因为出现了油溶性酚醛树脂。

1927 年，Kienle 研制了醇酸树脂涂料。

1936 年，出现了尿素涂料。

1940 年，出现了三聚氰胺涂料。

1900 年，Baekeland 成功合成酚醛树脂。

1910 年，Baekeland 把合成酚醛树脂用于涂料工艺。

第二次世界大战期间，德国法本公司已着手开发聚氨酯涂料的应用。

1940 年，美国首先生产了硅树脂涂料。

1930 年，丙烯基涂料生产，但直到 1950 年才少量应用。

2）防腐蚀处理方法

1828 年，M. Hall 首先报道了碱性缓蚀剂[$Ca(OH)_2$ 和 $Mg(OH)_2$]的应用。

1872 年，C. Maraugonic 介绍了有机缓蚀剂（香精油和固化油）的应用。

1907 年，A. S. Cushman 公布了铬酸盐缓蚀剂的应用。

1908 年，W. H. Walker 提出了热水（锅炉水）的真空脱氧方法。

1917 年，P. V. O'Brien 制定了冷水真空脱氧的方法。

1936 年，人们用亚硫酸盐处理法进行了锅炉水的化学除氧。

1939 年，W. L. Topham 介绍了英国铁路机车锅炉使用丹宁防腐的经验。

1928 年，E. L. Chappell 等就研究了含氮、硫原子的缓蚀剂作用理论。

20 世纪 40 年代，人们使用充氨或肼的方法来进行锅炉的防护。

1947 年，Vernon 研究了苯甲酸钠的气相缓蚀剂作用并制造了防锈玻璃纸。

20 世纪 50 年代，出现了磷酸盐处理水的方法。

3）电化学保护

1824 年，H. Davy 研究用铁（后来用锌）作牺牲性阳极保护铜的试验成功。

1824 年 3 月，一艘装有保护器装置的军舰"萨马兰"号航行在苏格兰的沿海。随后一艘 650 吨的客轮"卡涅巴拉—卡斯特里"号装上了锌保护器，航行归来，船上的铜板光亮如新。

1890 年，T. A. Edison 曾设想用外电流的阴极保护法用于轮船上。但是当时没有适用的电源。

1902 年，K. Cohen 才制造了直流发电机。

1906 年，Herbert Geppert 首先在一段 300 米长的地下水管进行了外电流阴极保护，并获得 1908 年的德国专利权。

1911 年，德国的 E. G. Cumberland 在蒸汽机车锅炉上加装了外电流阴极保护器。

1913 年秋天，在英国 Genf 召开的一次学术会议上曾提议把牺牲性阳极保护改名为电化学保护法。

1924 年，D. A. Guldager 首先使用铝阳极作地下水管的内保护装置。

1928 年，R. J. Kuhn 领导了新奥尔良地下水煤气管道的阴极保护工程。首先使用了铜/硫酸铜电极为地下阴极保护的参比电极。

1931 年，他又领导了 Houston 至 Texas 之间的地下水管煤气管的阴极保护建设工程。

地下管道阴极保护技术随后分别在比利时（1932 年）、苏联（1939 年）和英国（1940 年）获得应用。虽然，金属的阳极氧化早在 1923 年就获得成功，但是在腐蚀介质不断进行阳极极化使得溶解的膜得以再生的阳极保护法却是在 50 年代实现工业化的。

之所以划为"盲人摸象"阶段，是因为近 200 年来一直是针对发现的各种腐蚀现象到以现象为基础的分类而进行研究相应的理论及对策：技术、材料及相应的各验证方法解决相应发现腐蚀的各种类型、现象。著名的国际教授方坦纳将腐蚀现象划分为八种类型，我国钟琼仪教授将腐蚀现象划分为十种类型，而由美国 400 多位专家编写的《ASTM 手册》第二版又将腐蚀现象划分为 13 种类型。这个阶段总的来说就是以发现的各种腐蚀现象、类型为对象，作了大量的深刻研究、论述，同时重点研发、总结了特别是对各种金属材料在各种相应腐蚀环境下的腐蚀现象、类型和规律，研发、创建了相当多的"一物降一物"的单一性、局部性的腐蚀控制新技术和新材料，以及试验、测试方法，为国民经济的发展作出了一定的贡献，但是，终究不可能从根本上全面有效控制腐蚀给人类造成的各种危害，特别是人命关天、环境污染等的重大事故还在世界各地相继发生。关键核心的问题是对腐蚀科学的本质回避认识，更没有去研究、更不用去说什么深入研究了！近 200 年，关于腐蚀的定义各有不同，但说的、阐述的基本上都是腐蚀的作用、腐蚀结果的现象，都不太准确，使我们长期纠结于僵化了的单一、局部、片面现象、种类"盲人摸象"的泥潭之中不能自拔！

5.2.3　第三阶段（21世纪初至今）

"认清腐蚀本质　穷力开创从根本上全面有效控制腐蚀新纪元！"是直面腐蚀、直白腐蚀，深刻揭示了腐蚀是一项动态性、自发性、相互作用的过程、是一项极其特殊而伟大性的工程，从而创造性地提出了"腐蚀控制工程全生命周期理论研究、应用及其标准化"的理念，从标准入手，由中国主导、联合美国共同申请，于2016年被ISO 172个成员国3个月、15个TMB成员国1个月先后投票通过，最后经全会（ISO/TMB）75/2016号决议批准成立了国际腐蚀控制工程全生命周期标准化技术委员会（ISO/TC156/SC1），授权中国为秘书国，秘书国提议美国为主席国。中国国家标准化管理委员会授权中国腐蚀控制技术协会承担秘书处，由王昊担任秘书，李济克为中国总代表，同时承担本领域国内的技术对口单位，并代表中国以积极成员国参加国际相关会议。国际腐蚀控制工程全生命周期标准化技术委员会的成立，受到了世界各成员国的强烈反响：

（1）加拿大认为：发展该标准将促进最佳实践，更好地提升管理基础设施的能力，减少影响环境和增加成本的灾难性事故发生。

（2）印度认为：腐蚀引起的破坏是多种多样的，腐蚀控制工程生命周期的标准化将是一个了不起的主动解决问题的途径。

（3）波兰认为：目前ISO没有一个技术委员会（TC）是和腐蚀控制工程生命周期标准重叠的，腐蚀控制是一个跨学科和综合性的工程技术，ISO/TC 156、ISO/TC 35或ISO/TC 107并不能覆盖它。我们认为产品生命周期的标准化具有市场需求。

（4）荷兰认为：生命周期评价（LCA）标准目前不包含在任何TC中，但越来越重要。这是一个对现有ISO TC很好的补充，它不与ISO/TC 156形成竞争。

（5）新加坡：这个提案很重要，关系到工作场所的安全。事实上，该主题不只是一个技术问题，也是一个管理（问责）的问题，可能有法律方面的（例如索赔）问题。采取全面的方法建立产品"从生到死"的标准，这是一个很好的主题。

（6）斯洛伐克认为：我们认为该提案具有重大意义。

（7）日本工业标准委员会（JISC）认为：这样的标准化活动很有趣，但对我们而言也的确很难看到实现的技术可行性。因此，这一提案对于国际标准化来说有点太超前了。

（8）以色列认为：新的技术委员会将能够在该领域带来一个协调性的总揽，研究制定国际标准，建立共同语言。

（9）美国国家标准学会：作为更进一步具体需求的基础标准，腐蚀控制生命工程生命周期将是最通用的指导和最好的实践，有效的腐蚀控制程序将提高环境的可持续性、安全和减少灾难性的发生。该提案的确展示了很好的意图，并且意义深远和值得思考。

（10）中国：新 TC 主要工作是腐蚀控制工程生命周期标准化，通过在整个生命周期中的协调和优化，提供了腐蚀控制最安全和最有益的方法。这些标准将是全面、系统、协调、优化和跨学科的，开展这方面的工作是很有必要的。

（11）英国皇家双院士、大不列颠帝国勋章获得者、英国国家物理实验室 Alan Turnbull 博士评价"开会前我们对提案有疑虑，现在觉得提案确实有其重大深远意义，可以说开创了一门新的学科"。

国际腐蚀控制工程全生命周期标准化技术委员会的正式成立，充分表明这是国际腐蚀控制领域中的一项具有里程碑意义的重大创举，也充分表明了国际腐蚀控制领域开始迈向了腐蚀科学发展概况史的第三个阶段，开辟了腐蚀控制领域的新纪元，踏上腐蚀控制领域新征程。

国际腐蚀控制工程全生命周期标准化技术委员会的正式成立，就是立足国际腐蚀控制领域全局的高度，履行协调性的总揽，研究制定国际标准，建立共同语言（这里协调性的总揽包括消化、吸收、继承、发挥全人类腐蚀史方面传统有益的腐蚀控制技术、方法、经验；消化、吸收、继承、发挥国内外方面全人类腐蚀控制领域中的有益技术、方法、经验；消化、吸收、继承、发挥国际腐蚀控制领域专业腐蚀标委会方面所制定的有关标准、技术、方法等）。

立足国际腐蚀控制领域新阶段、新纪元、新征程全局的高度，履行新学科、新教程、新教材的组织编写，普及教育，开展培训，加强宣传实施工作。

立足国际腐蚀控制全局的制高点，不负时代、不负世界人民的重托，实现从根本上全面有效控制腐蚀这个世界性的重大课题！

国际腐蚀控制工程全生命周期标准化技术委员会，以现代腐蚀学理论为指导、以腐蚀工程为对象，立足全球全局的高度，集全世界针对造成腐蚀工程根源的因素（包括核心内核因素和边界因素）进行控制的所有相关的科技因素和非科技因素的资源之大成，对能够适应抗拒、控制造成相应腐蚀工程的所有根源因素（直接腐蚀源因素、间接腐蚀源因素、环境腐蚀源因素、过程中产生新的腐蚀源因素），并能在确保人身健康和生命财产安全、国家安全和生态环境安全经济运行的基础上，求得经济、全生命周期和绿色环保最佳效益的全过程链条上（如目标、腐蚀源、材料、技术、设计、研发、制造、施工与安装、贮存与运输、调试与验收、运行、保养与维修、延寿与报废、文件与记录、资源管理、综合评估等）的所有科技控制因素和非科技控制因素的资源，开展其因素内、因素间及其全局间的择优性、协调性的选用，对其所选用的所有因素资源，通过运用科学性、技术性、有序有效性的现代人工智能化的科技数字经济进行相应具体的腐蚀控制工程全生命周期全系统工程全集成的资源整合、配置的全过程中，制定出一套具有整体性、系统性、相互协调优化性、相互衔接、相互交织、相互支撑的全面综合程序性的主体标准化和相应保障标准化两大体系。

5.2.3.1 标准体系

制定腐蚀控制工程全生命周期标准化的两体系，如图 5-1 所示。其中，腐蚀控制工程全生命周期主体标准化体系，如图 5-2 所示；相应的腐蚀控制工程全生命周期保障标准化体系，如图 5-3 所示。

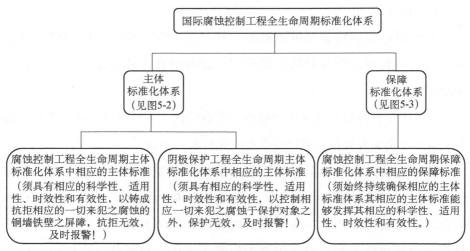

图 5-1 腐蚀控制工程全生命周期标准化体系框架图

5.2.3.2 制定腐蚀控制工程全生命周期标准化两体系的标准

腐蚀控制工程全生命周期主体标准化体系中的所有相应的主体标准具有相应的科学性、适用性、时效性、有效性和完整性。

腐蚀控制工程全生命周期保障标准化体系中的所有相应的保障标准始终能够确保相应主体标准持续实现其科学性、适用性、时效性、有效性和完整性（图 5-4）。

5.2.3.3 标准化的关系

主体标准化体系是国际腐蚀控制工程全生命周期标准化体系中的主体，其保障标准化体系是确保主体标准化体系能够持续其科学性、适用性、时效性、有效性和完整性运转实施的前提和保障，二者相互协调、相互支撑、相互促进。

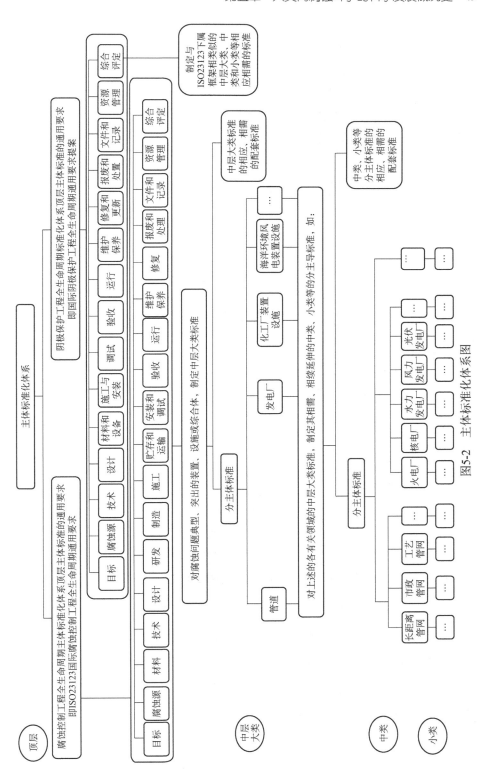

图5-2　主体标准化体系图

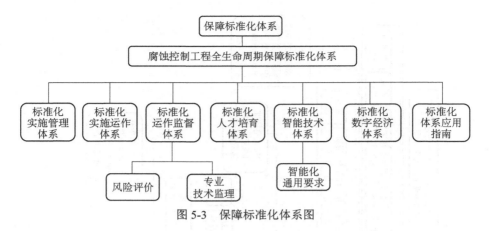

图 5-3 保障标准化体系图

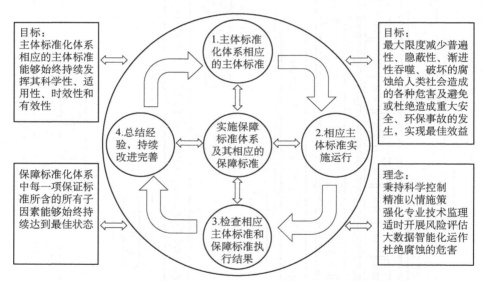

图 5-4 腐蚀控制工程全生命周期标准化体系实施综合复合性运转体系图

5.2.3.4 标准化实施运作中的科学管理和保障

标准化实施管理体系是确保主体标准体系相应的标准的制定、修订始终具有其科学性、实用性、时效性、有效性和完整性的管理职责！

标准化实施运作体系是应用戴明环（P、D、C、A）的科学运作（图 5-5）和朱兰的整体科学运作方法（图 5-6）确保主体标准体系的相应标准能够持续实现其相应的有效性管理的职责！

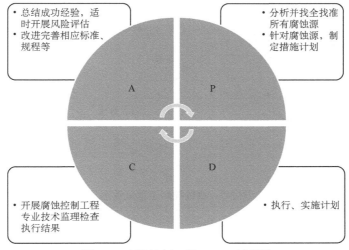

图 5-5　腐蚀控制工程 PDCA 循环图

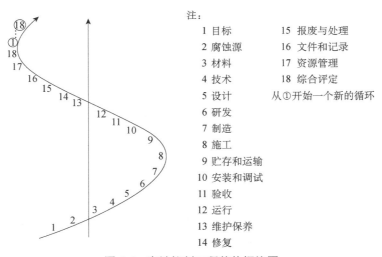

注：

1 目标	15 报废与处理
2 腐蚀源	16 文件和记录
3 材料	17 资源管理
4 技术	18 综合评定
5 设计	从①开始一个新的循环
6 研发	
7 制造	
8 施工	
9 贮存和运输	
10 安装和调试	
11 验收	
12 运行	
13 维护保养	
14 修复	

图 5-6　腐蚀控制工程整体螺旋图

　　标准化实施运作评价体系是运用石川馨的鱼骨图（人、机、料、法、环）科学因果分析方法（图 5-7），确保主体标准体系的相应标准运作出现问题时，能及时、准确地得到纠正和改进的管理职责（图 5-8）！

　　标准化实施运作人才管理体系是应用行为科学的人才资源的管理方法，确保主体标准能够持续实现其相应的科学性、适用性、时效性、有效性和完整性的管理职责！

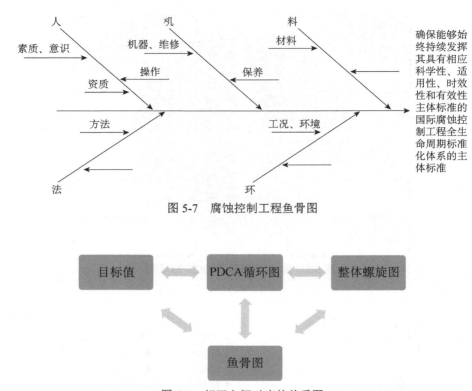

图 5-7 腐蚀控制工程鱼骨图

图 5-8 相互之间对应的关系图

标准化实施运作监督监理体系是应用贯彻 ISO 23222：2020《腐蚀控制工程全生命周期　风险评估》和《腐蚀控制全生命周期工程专业技术监理》两个标准，确保主体标准能够持续实现其相应的科学性、适用性、时效性、有效性和完整性的实施管理职责！

国际腐蚀控制工程全生命周期标准化体系应用指南是指导人类如何应用和实施"从根本上全面控制腐蚀"国际问题的答案，确保主体标准体系的相应标准能够实现其相应的科学性、适用性、时效性、有效性和完整性的导航，引领管理职责！

5.2.3.5 国际腐蚀控制工程全生命周期标准化技术委员会

国际腐蚀控制工程全生命周期标准化技术委员会创立九年来制定了 ISO23123：2020《腐蚀控制工程全生命周期　通用要求》、ISO 23222：2020《腐蚀控制工程全生命周期　风险评价》、ISO 23221：2020《管道腐蚀控制

工程全生命周期　通用要求》、ISO24239：2022《火电厂腐蚀控制工程全生命周期　通用要求》四项国际标准，先后于韩国、法国、日本、中国（线上三次）、瑞士、美国成功地召开了八次国际会议，会议上对中国专家组每次所作的主题报告都给予了充分的肯定和支持，而每一次会议上，中国专家组所作的主题报告都是对腐蚀控制工程全生命周期理论的不断加深阐释和论证，为高质量国际标准的制定、国际腐蚀控制工程全生命周期的实现提供了可靠、正确的现代腐蚀学理论的指导，最终形成了现代腐蚀学——腐蚀控制模板。

第六章 腐蚀控制模板

6.1 现代腐蚀学——腐蚀控制模板形成的背景

（1）现代腐蚀学是中国腐蚀控制技术协会根据七十多年在实际生产一线所处理解决的上万多件因腐蚀造成的各种类型的安全、质量事故，并立足于国际全局的高度、立足于人类同腐蚀 4500 年斗争的历史长河，深入进行了反复的解析、研究、总结，在全面融会贯通现代腐蚀学的基础上，借鉴了大科学家爱因斯坦相对论的思维，以及其他数学、物理学等抽象的思维。

（2）腐蚀控制工程全生命周期理论研究、应用及其标准化理念是从腐蚀控制工程全生命周期的整体着想，并以企业的经济安全、生态环境、最佳效益为出发点，制定出了具有普遍实用性、通用性的一套腐蚀控制工程全生命周期理论、应用及其标准。这是对隐藏在千百万件腐蚀事故的安全、环保事故背后的腐蚀控制工程全生命周期全过程所有因素进行深入调查、研究、分析、论证、揭示的基础上，通过概念的归纳和逻辑的推论，最后形成整体性、系统性、相互协调优化性、全面综合程序性的，具有科学性、实用性、时效性、完整性和有效性的两大标准体系实践经验的体会和启迪。

（3）腐蚀控制工程全生命周期理论研究、应用及其标准化在高度融合、深入消化、应用、全面贯彻现代管理学之父、大师中的大师彼得·德鲁克的"目标值管理"；现代质量管理的领军人物约瑟夫·朱兰的从质量管理的整体着想，并以企业的经济效益为出发点创造出的 ISO9000 系列质量环理论基础的"质量螺旋图"；质量管理的一代宗师、全面质量管理的创始人威廉·爱德华兹·戴明的"戴明环"即 PDCA 循环图；日本"质量圈"运动的最著名的倡导者、"QCC"之父——石川馨发明的分析、解决具体问题的"石川图"也称"因果图"或"鱼刺图"等之大成实施中的灵机感染。

（4）熟读查阅消化了国内外腐蚀界的名人名著、杰作、标准、有关概况等，例如：美国 M. G. 方坦纳和 N. D. 格林所著《腐蚀工程》、H. H. 尤里克和 R. W. 瑞维亚所著《腐蚀科学和腐蚀工程导论》、A. W. Peabody 所著《管线腐蚀控制》，以及我国钟琼仪所发表文章《腐蚀与防腐科学技术史话》；美国腐蚀工程师协会（NACE）所制定的一系列标准，美国材料试验协会（ASTM）400 多名专家所编著的《腐蚀手册》，19 世纪初成立的德国腐蚀问题工作协会所制定的十大标准，德国出版 14 卷的《DECHEMA 腐蚀手册》，我国钟琼仪所撰写的文章《比利时腐蚀研究中心》《美国腐蚀工程师协会概况》《苏联腐蚀科学研究概况》《大气腐蚀研究的历史概况》，汉弗莱·戴维于 1824 年发明了阴极保护法，以及目前国际 ISO 所成立有关腐蚀专业标准化技术委员会所制定的标准——为履行国际腐蚀控制工程全生命周期标准化技术委员会"协调性总揽、研究制定国际标准、建立共同语言"的职责创造了条件、打下了基础！

（5）充分、深入、发挥了"有的放矢""知己知彼"以及"问题导向""底线思维"等的哲理，对"腐蚀"进行了直面、直白的解析的前提下，首先制定出了整个腐蚀控制工程全生命周期标准体系中的四项国际标准，且被批准并向全世界发布实施！

（6）腐蚀控制模板的形成不仅是从长期同腐蚀斗争经验、教训积累的实践中进行科学的总结和提炼，而且是立足于国际全局的高度，学习消化吸收了美国、德国、比利时、苏联等有关同腐蚀斗争方面的经验、教训，同时又学习消化吸收继承了全人类 4500 年同腐蚀斗争的历史长河中的思维、瑰宝，特别是腐蚀控制工程全生命周期理论的产生，以标准为切入点，联合美国共同申请成立了国际腐蚀控制工程全生命周期标准化技术委员会，历经八届国际会议国际腐蚀界的专家、学者十多年的标准、技术、科学、工程等现代腐蚀学的研发、讨论、交流、碰撞，重点是中国专家组先后的主题报告，一次次持续深入、全面、完整揭示、认识了腐蚀的本质、特性、属性、危害等，针对性地提出了从根本上全面有效控制腐蚀的"矛"和"盾"的两大工程，继而形成了腐蚀控制模板的框架！

6.2 腐蚀控制模板

6.2.1 目标

（1）确保人身健康和生命财产安全、国家安全和生态环境安全经济运行的基础上，求得经济、全生命周期和绿色环保的最佳效益。

（2）确定被保护工程受到不同腐蚀面积的腐蚀源。

6.2.2 两个工程

依据目标和国际腐蚀控制工程全生命周期两大标准体系相应的标准要求建立若干个相应的"矛"和"盾"两大的工程：

（1）控制或消灭一切来犯该工程或项目的腐蚀于被保护其之外的机关枪式的"矛"的工程。"矛"的工程是一个能够对该工程或项目"从摇篮到坟墓"的整个全生命周期的过程中能够始终发挥最佳有效控制或消灭来犯腐蚀其于被保护其之外式的机关枪。

（2）抗拒一切来犯腐蚀其工程或项目的铜墙铁壁屏障式的"盾"工程。"盾"工程是一个能够"从摇篮到坟墓"的整个全生命周期的过程中始终最佳有效抗拒相应所有来犯腐蚀本工程或项目铜墙铁壁式的屏障。

6.2.3 有效性评价

针对制定出的若干个"矛"和"盾"的工程，分别制定出相应有效性的评价标准或规定。

6.2.4 两个结果

（1）通过若干个相应的"矛"和"盾"两大工程的有效抗拒、控制或消灭，从而实现最佳效益。

（2）当出现无效抗拒、控制或消灭时，将及时报警，采取有效措施，杜绝或避免重大人身伤亡、财产损失、环境污染等事故的发生！

6.3 依据腐蚀控制模板，开展具体腐蚀工程或项目的腐蚀工程的设计

具体腐蚀工程或项目的腐蚀工程的设计如下：

（1）确定被保护对象的腐蚀面积和相应的腐蚀源并进行设计。

（2）依据被保护的腐蚀面积受到若干个不同的腐蚀源，设计建立相应的若干个"矛"和"盾"的两大工程。

（3）若干个的两大工程必须按照"腐蚀控制模板"的"两大目标""两大体系"的要求设计建立。

（4）对设计建立的若干个"矛"和"盾"的两大工程同时建立制定相应若干个有效评价技术、方法及标准。

（5）实现两大结果。

第七章 "腐蚀控制模板"的应用实例

某核电站之所以能够安全运转 30 年，经评定其还可延寿运转 20 年，主要是其在腐蚀控制方面，从设计开始就应用了现在所形成并开创的"腐蚀控制模板"，尤其是在该核电站中的区域性阴极保护的成功应用。

7.1 阴极保护系统设计

7.1.1 腐蚀源

某核电站区东西约 1 km，南北宽 300～400m，南临海，北座山，土质分别为海相沉积黏土，第三、第四纪碎石夹砂土和基岩。厂区土地紧张，海水管道、淡水管道接地网、通信及动力电缆等不同材料且数量众多的埋地金属物或呈平行或呈交叉结构，错综复杂，这些埋地金属物与非均质的土壤紧密接触，根据土壤的理化性质不同，有可能形成强腐蚀性的环境，产生严重腐蚀。1984 年，上海核工程研究设计院选择了某核电站厂区有代表性的 11 处地点，进行了包括土壤电阻率、钢在土壤中的电极电位，土壤电位梯度（杂散电流）、土壤氧化还原电位、采样土壤理化分析（土壤含水量、酸碱度、氯离子、硫酸根和可溶性盐含量）等多个项目的测试，采用综合评价法，对厂区土壤的腐蚀性进行了评估，结果表明：

根据 EJ/T 484—1989《三十万千瓦压水堆核电厂　厂区土壤腐蚀性勘测与评定》中的土壤腐蚀性的评价等级，某核电站的海水泵房西北和从开关站起至动力区、水厂均属于强腐蚀土壤，区域为中等腐蚀土壤。

厂区不同地点之间的钢铁自然电位存在着 200～300 多毫伏的腐蚀电动势差异，局部地区存在中等强度地下直流杂散电流。回填土含大量边角锐利的碎石块等，在管道铺设过程中容易造成防腐层破损，且加剧土壤不均匀性，存在加速腐蚀风险。

7.1.2 保护面积

阴极保护对象总保护面积为 10454 m^2：其中海水输送管道 5219 m^2；核心区淡水给水管消防水 1546 m^2，生活水 437 m^2，化学水 237 m^2，澄清水 1594 m^2，放射性污水排水管 290 m^2，铅包塑料护套的通信电缆 275 m^2，接地网 856 m^2。

7.1.3 阴极保护参数

保护电流密度，四油三布涂层的钢管为 0.5 mA/m^2；裸钢接地网、铜接地网为 25 mA/m^2；铅包塑料护套通信电缆为 2.0 mA/m^2。

7.1.4 采取的措施

（1）合理分配恒电位仪，实现分区保护。由于有涂层的管道和无涂层的裸金属接地网的保护电流密度相差较大，同时各个辅助阳极的参数又有差别，为便于调整及运行，阴极保护系统的五台恒电位仪分四个区域分别给管道、接地网等保护对象供电。

（2）增设调整电阻，增加输出电路。由于地下金属构筑物所处土壤环境和屏蔽条件等的不同，为使一台恒电位仪控制下的各个阳极工作电压接近，在部分阳极前设置调整电阻。

（3）合理布置辅助阳极，设置反电位装置。在核心区前部，土壤电阻率低（＜50 Ω·m）的区域埋设中深阳极床，以达到核心区 01、04 厂房前部大部分区域的管道和接地网被保护的目的。在因屏蔽、土壤电阻率高等原因，保护比较困难的反应堆厂房后部的管道和接地网等采用埋设浅埋分布阳极的方式。同时为了防止距离深井阳极较近的淡水管道过电位，设置反电位阳极。

（4）设置汇流点和均压线。由于管线较长，电流衰减而引起的电位差通过合理布置汇流点以均匀保护电位。由于管道近距离交叉或平行，为了避免因管道间存在的电位差而产生的干扰腐蚀，用扁钢将平行或交叉管道连接起来，以保持其各处电位的均衡。

（5）数据采集和故障诊断。阴极保护系统配备的微机检测台可以实现自动采集数据并自动打印出恒电位仪报表、参比电极报表和阳极电流报表，同时可以精准判断故障所在线路并进行声光报警。

7.2   运行与维护

7.2.1   管理制度

根据多年的实践经验，总结出《54#阴极保护站管理制度》《54#阴极保护站运行规程》和《54#阴极保护站检修规程》，涉及阴极保护参数记录和分析、恒电位仪及微机监测台异常处理、埋地阳极的检修、内壁阳极的检修、参比电位检测点的检修、参比电极的校对、测试桩检查维护及端子排更换、内壁阳极窨井清理维护、电缆沟及盖板检查维护以及其他专项工作。

7.2.2   历年运维数据

通过微机检测台对阴极保护电位进行每日记录（2008 年故障后改为人工），计算得到的 1996～2019 年年均阴极保护电位合格率≥70%的目标值。

7.2.3   埋地试验片数据

埋地试验片的材质与被保护对象一致，其埋设方式分两种状态，一是处于被保护状态（与管道或接地网连接，导线采用 10 mm^2），又分为裸材保护与涂层保护，涂层与被保护管线的涂层相同。二是处于不受保护状态（不与管道或接地网连接），分为裸材不保护与涂层不保护。区域性外加电流阴极保护可有效地降低试验片的均匀腐蚀速率，与涂层配合产生了十分优秀的保护作用，也证明了 20 年来区域性阴极保护系统的持续有效运行。

7.2.4　有效性验证

某核电站于 2018 年依据《埋地管老化管理大纲》的要求，对埋地管土壤环境的腐蚀性、防腐层的完整性、阴极保护的有效性和管道结构完整性进行了检测与评估，结果都说明了某核电站埋地管整体状态良好，可在后续运行期间继续执行其预期功能。

1）防腐层完整性

通过交变电流衰减法判断管道外防腐层的好坏，利用交流电位梯度法（ACVG）查找防腐层破损点和直流电位梯度法（DCVG）对防腐层破损点进行复验，结果表明，防腐层绝缘电阻平均值为 2.77 k$\Omega\cdot$m^2，防腐层级别为 3 级，从开挖出防腐层的外观来看，防腐层附着连续，缠带边缘未起边，回填土没有嵌入防腐层中，完整性状态良好；从破损点数量看，电厂埋地管防腐层破损较少，完整性状态良好。

2）阴极保护有效性

通过密间隔电位法和对断电电位的测量，结果表明，某核电站埋地管道阴极保护电位总体处于有效电位保护区间，但电厂小部分埋地管道也存在"欠保护"、"过保护"区间。

3）管道结构完整性

对 5 个开挖位置点及管沟布置实施了目视检测，结果表明，除球墨铸铁管道管体发现分布较多点蚀坑（测厚无异常）外，其他管道防腐层及管体状态良好；对开挖点的 8 处管线实施了超声导波和超声测厚测试，除其中一条管道表面存在 1 处腐蚀缺陷外（现场测厚后无异常），其余均未发现异常。

7.3　智　能　化

结合核电站实际需求，可以开发多机组阴极保护管理系统，实现阴极保护数据的实时传输，快速整理分析数据，并对系统整体运行状态作出状态评估，另外也可以实现阴极保护系统故障的快速跟踪及智能诊断处理。

7.4   结   论

（1）某核电 1 号机组已于 2021 年 9 月正式获批延寿 20 年。区域阴极保护技术保证了某核电站 30 年的安全可靠运行，为延寿做出了巨大贡献。

（2）区域性阴极保护技术减缓了金属埋地物的腐蚀速率，延长了其使用寿命，降低了核电站更换大量金属埋地物的成本以及由此带来的机组停役造成的损失，同时避免了因埋地管道穿孔泄漏或整体失效造成的核安全事故和经济损失。

（3）某核电站区域阴极保护技术开创了国内核电的技术先河，其积累的数据和经验，为在役和在建核电站全面积极采用阴极保护技术，或对区域埋地金属进行保护，或对海水冷源系统进行保护，具有广泛的推广价值。

（4）结合当前数字化、智能化、物联网化的技术发展，阴极保护技术和管理将迎来智慧化的变革趋势，无论是阴极保护数据的监检测技术，还是系统运行状态的分析评估等方面，都将得到新的解决方案，破解当前困扰核电及其他行业存在的问题，也是突破当前阴极保护行业发展瓶颈的重大机遇。

第八章 实现智能化的现代化管理

8.1 智能化的现代化管理

首先是实现现代腐蚀学"腐蚀控制模板""矛"和"盾"的两大工程系统的分别集成，其次是智能化的系统集成，最后是"腐蚀控制模板""矛"和"盾"的两大工程系统的分别集成和智能化系统的集成分别相应复合全集成而实现智能化的现代化管理。

8.2 系统集成行业要素

8.2.1 系统集成行业简介

系统集成作为一种新兴的服务方式，是近年来国际信息服务业中发展势头最猛的一个行业。

8.2.2 大型的综合计算机网络系统

一个大型的综合计算机网络的系统集成包括计算机软件、硬件、操作系统技术、数据库技术、网络通信技术等的集成，以及不同厂家产品选型，搭配的集成。

8.2.3　系统集成所要达到的目标

整体性能最优，即所有部件和成分合在一起后不但能工作，而且全系统是低成本的、高效率的、性能匀称的、可扩充性和可维护的系统。为了达到此目标，系统集成厂商的优劣是至关重要的。

8.2.4　系统集成厂商对系统集成概念的理解

每一个系统集成厂商虽然侧重点不同，但本质上是相同的，都是按照用户的需求，对众多的技术和产品合理地选择最佳配置的各种软件和硬件产品与资源，形成完整的、能够解决客户具体应用需求的集成方案，使系统的整体性能最优，在技术上具有先进性，在实现上具有可行性，在使用上具有灵活性，在发展上具有可扩展性，在投资上具有收益性。（注：广义上讲，系统集成包括人员的集成、组织机构的集成、设备的集成、系统软件的集成、应用软件的集成和管理方法的集成等多方面的工作。狭义上讲，系统集成就是系统平台的集成。系统集成应用功能集成、网络集成、软件界面集成等多种集成技术。系统集成实现的关键在于解决系统之间的互联和互操作性问题，它是一个多厂商、多协议和面向各种应用的体系结构。这需要解决各类设备、子系统间的接口、协议、系统平台、应用软件等与子系统、建筑环境施工配合、组织管理和人员配备相关的一切面向集成的问题。）

8.2.5　系统集成的五个要素

（1）客户行业知识要求对客户所在行业的业务、组织结构、现状、发展等有较好的掌握。

（2）技术集成能力，即从系统的角度，为客户需求提供相应的系统模式，以及实现该系统模式的具体技术解决方案和运作方案的能力。

（3）产品改进能力，对供货商提供产品的性能、技术指标应有全面的掌握，并能够对其性能进行适应性改进。

（4）系统评价技术应能够对所提出的系统方案的性能及可靠性、可用性、可维护性和安全性(RAMS)，以及与其他系统的匹配性兼容性和对环境的影响进行量化的评估。这些评估将贯穿于整个项目的生命周期。

（5）系统调试技术为单系统调试和系统间的互联、互通调试提供标准、内容、程序及技术手段。系统集成商将为用户提供从方案设计开始，经过产品优选、施工、软硬件平台配置、应用软件开发，到售后培训、咨询和技术支持等一揽子服务，使用户能得到一体化的解决方案。

8.2.6 系统集成的显著特点

（1）系统集成要以满足用户的需求为根本出发点。

（2）系统集成不是选择最好的产品的简单行为，而是要选择最适合用户的需求和投资规模的产品和技术。

（3）系统集成不是简单的设备供货，它更多的是体现了设计、调试与开发的技术和能力。

（4）系统集成包含技术、管理和商务等方面，是一项综合性的系统工程。技术是系统集成工作的核心，管理和商务活动是系统集成项目成功实施的可靠保障。

（5）性能性价比是评价一个系统集成项目设计是否合理和实施是否成功的重要参考因素。总而言之，系统集成是一种商业行为，也是一种管理行为，其本质是一种技术行为。

8.2.7 系统集成的发展方向

随着系统集成市场的规范化、专用化的发展，系统集成商将趋于以下三个方向发展。

1）产品技术服务型

以原始厂商的产品为中心，对项目具体技术实现方案的某一功能部分提供技术实现方案和服务，即产品系统集成。

2）系统咨询型

对客户系统项目提供咨询（项目可行性评估、项目投资评估、应用系统模式、具体技术解决方案）。如有可能承接该项目，则负责对产品技术服务型和应用产品开发型的系统集成商进行项目招标，并负责项目管理（承包和分包）。

3）应用产品开发型

表现在与用户合作共同规划设计应用系统模型，与用户共同完成应用软件系统的设计开发，对行业知识和关键技术具有大量的积累，具有一批懂行业知识又懂计算机系统的专业人员。为用户提供全面系统解决方案，完成最终的系统集成。从当前系统集成市场的结果看，用户均看中应用产品开发型的系统集成商。能够提供组织合理，管理有效，技术有保障的系统集成是成功的关键。

8.2.8　系统集成的分类

系统集成主要包括设备系统集成和应用系统集成。

1）设备系统集成

设备系统集成，也可称为硬件系统集成，它是指以搭建组织机构内的信息化管理支持平台为目的，利用综合布线技术、安全防范技术、通信技术、互联网技术等进行机车设计、安装调试、界面定制开发和应用支持。

2）应用系统集成

应用系统集成是从系统的角度入手，为用户需求提供应用的系统模式，以及实现该系统模式的具体解决方案和运作方案。应用系统集成又称行业信息化解决方案集成。集成原则：系统集成必须坚持一定的原则，主要包括实用性原则、经济性原则、先进性原则、成熟性原则、标准性原则、安全性原则、可靠性原则、开放性原则和可扩展性原则。

（1）实用性和经济性原则。

硬件的发展远远快于软件的发展，充分利用原有系统的硬件资源，尽量减少硬件投资，充分利用原有系统的软件资源和数据资源，使其规范化。

（2）先进性和成熟性原则。

硬件以及软件在数年内不应落后，选用成熟的技术，符合国际标准化的设备，确保设备的兼容性。

（3）安全性和可靠性原则。

安全性是指网络系统的安全性和应用软件的安全性，开发的应用软件系统的安全性，防止非法用户越权使用系统资源。可靠性是指系统是否要长期不间断地运行，数据是否需要双机备份或分布式存储，故障后恢复的措施等。

（4）开放性和可扩展性原则。

选择具有良好的互联性、互通性及互操作性的设备和软件产品，应用软件开发时应注意与其他产品的配合，保持一致性。特别是数据库的选择，要求能够与异种数据库的无缝连接。集成后的系统应便于今后需求增加而进行扩展。

（5）标准性原则。

由国家制定的计算机软件开发规范详细规定了计算机软件开发中的各个阶段以及每一个阶段的任务、实施步骤、实施要求、测试及验收标准、完成标志及交付文档。使得整个开发过程阶段明确、任务具体，真正成为一个可以控制和管理的过程。同样，采用科学和规范化的指导和制约，使得开发集成工作更加规范化、系统化和工程化，可大大提高系统集成的质量。

8.2.9　系统的总体集成

系统的总体集成，采用如下集成方式：

（1）在总体设计中，对各系统的接口进行定义，这是系统总体集成的基本依据。

（2）在单元集成基础上的总体集成进行系统的总体集成时，首先应做好各建设单元内部的集成工作，然后按照不同系统建设单元的接口定义，按照由强至弱耦合或运行制约的先后顺序进行不同建设单元的内部各个系统之间的集成，应参照本总体设计中的接口定义方式，对建设单元内部各个子系统的接口进行明确定义，并在此基础上，进行单元内部集成不同单元之间的集成，可以采用两种集成顺序，这两种顺序可能交叉并存：

（1）耦合度的强弱、运行前提的制约。具体单元间的集成可以采用分解集成的方式。即将本单元与其他单元集成的部分分解出来，以一个分解单位的形式进行与相关单元的集成，以降低集成的复杂度，并有利于问题的定位。

（2）在各个分解单位完成与特定集成目标的集成后，再进行本集成单元与相关单元间的总体集成测试。

（3）在完成单项单元间的集成基础上，进行系统总体集成的测试和完善。

8.3　"矛"和"盾"的两大工程系统的分别全集成

现代腐蚀学"腐蚀控制模板""矛"和"盾"的两大工程系统的分别全集成是指"矛"和"盾"的两大工程各自系统的所有因素之间整合集成，为彼此相互有机衔接、协调、支撑，以发挥整体效益，达到整体优化的目的。

8.4　智能化系统的全集成

智能化系统的全集成是指将软件、硬件与通信技术组合起来为用户解决信息处理问题的业务，集成的各个分离部分原本就是一个个独立的系统，集成后的整体的各部分之间能彼此有机地和协调地工作，以发挥整体效益，达到整体优化的目的。

现代腐蚀学"腐蚀控制模板""矛"和"盾"的两大工程系统分别全集成和智能化系统的全集成等要素的总体复合集成，通过采用技术整合（图 8-1）、功能整合、数据整合（图 8-2、图 8-3）、模式整合、业务整合等技术手段，高度融合为全集成的，当今 21 世纪国际社会上最高水平全球化工程的，数字经济因素的全球化流动招标，如工程全球化招标、物资全球化采购、信息全球化共享、人才全球化招聘等的科学技术发展的竞争，实现全生命周期全球资源最高水平的最佳配置，达到腐蚀控制的最佳效益、杜绝或避免安全、环保等重大事故的发生（图 8-4）！

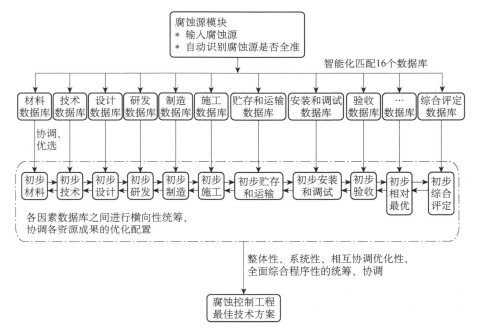

图 8-1 技术方案资源智能化运作图

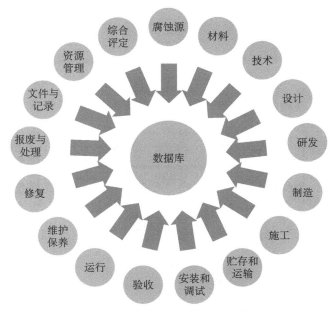

图 8-2 腐蚀控制工程全生命周期体系数据库图

1.腐蚀源 * 直接腐蚀源 * 间接腐蚀源 * 工况条件 * 其他	2.材料 * 集腐蚀控制材料研究和实践之大成 * 集材料科研成果之大成 * 集材料标准之大成	3.技术 * 集腐蚀控制技术之大成 * 集技术标准之大成	4.设计 * 腐蚀控制设计集合 * 设计标准集合	5.研发 * 腐蚀控制研发成果集合
6.制造 * 腐蚀控制制造集合 * 制造标准集合	7.施工 * 腐蚀控制施工方案集合 * 施工标准集合	8.贮存和运输 * 腐蚀控制的贮存和运输集合 * 贮存和运输标准集合	9.安装和调试 * 腐蚀控制安装和调试集合 * 安装和调试标准集合	10. 验收 * 验收标准集合
11.运行 * 运行过程管理方案集合 * 有关运行的标准集合	12.维护保养 * 腐蚀控制维护保养集合 * 维护保养标准集合	13.修复 * 腐蚀控制修复方法集合 * 修复标准集合	14.报废与处理 * 腐蚀控制报废与处理集合 * 报废与处理标准集合	15. 文件与记录 * 文件与记录信息化 * 文件与记录管理数字化 * 快速检索
16.资源管理 * 有关人员资质、工艺工装、检测设备和作业场所等的标准集合	17.综合评定 * 决策支持综合评定的标准集合			

数据库

图 8-3　腐蚀控制工程全生命周期体系数据库解析图

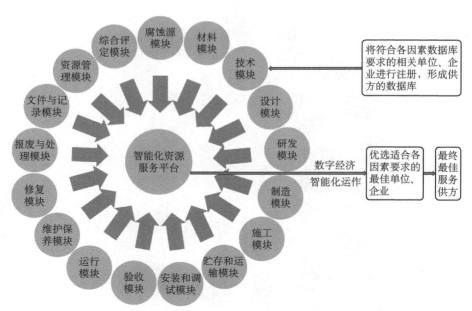

图 8-4　智能化资源全面服务平台运作图

附录 八届国际腐蚀控制工程全生命周期标准化技术委员会会议主题报告

附一 首次会议主题报告

一、成立腐蚀控制工程全生命周期标准化技术委员会，开展其相应的研究和标准化工作具有十分重大的现实意义和深远的历史意义

（1）腐蚀存在的普遍性、隐蔽性，给人类社会带来危害的具有渐进性、突发性和严重性，这已成为国际社会，特别是腐蚀控制界的仁人志士的共识：腐蚀对地球有限资源的破坏所造成的损失每年占国内生产总值(GDP)的3%～5%、钢铁产量10%的损失，以及许多重大安全事故所造成的人员伤亡、财产损坏、环境污染、生态环境破坏等都与腐蚀密切相关；人们为此经上百年的拼搏和创新，研发出了许多相对适应的新材料、新技术，制定出了许多相对适应的专业技术、专业管理等方面的标准、规范和检测方法等，但是，纵观全况，却还需要一系列相应的具有整体性的、系统性的、相互协调优化性的综合性的技术管理标准，方能对腐蚀实施全面精准的控制，以便解决和避免不断因腐蚀导致的安全事故的发生，因此，十分需要成立一个专门的腐蚀控制工程全生命周期标准化技术委员会，开展其相应

的研究和标准化工作。

（2）从目前所发生的因腐蚀问题造成的各种安全事故，甚至各种重大灾难性事故的经验总结来看，往往也并不是因为其相关的新材料，相关的专业技术、专业管理等方面的标准、规范和检测方法等本身出现问题，而是在其实施中所需要相关必要确保的条件、环节、节点、要素以及应控制其上的腐蚀风险等出现了失控、缺控或控制不当，导致相应腐蚀得不到应有的全面精准的控制，问题的关键就是缺少这方面可遵循的相对应、相关联的整体性、系统性、相互协调优化性的综合性的技术管理标准，所以，同样十分需要尽快成立一个专门的腐蚀控制工程全生命周期标准化技术委员会，开展其相应的研究和标准化工作。

（3）成立腐蚀控制工程全生命周期标准化委员会，开展其相应的研究和标准化工作，将为全球腐蚀控制业从过去单一（项）服务的设计、制造、生产、施工、安装、使用、维修等转化为腐蚀控制工程全生命周期智能化服务提供前瞻性的技术指导、引领和标准化的依据，实现对全球腐蚀控制业结构服务的重大调整，具有十分重大的意义和社会（包括人员就业、经济等）价值。

（4）按照经济学和现代管理科学的理论（工程科技、系统工程、工业工程、价值工程、经济学、生产力要素等），针对目前腐蚀和腐蚀控制的现状进行解剖、分析、研究和论证，成立腐蚀控制工程全生命周期标准化委员会，开展其相应的研究和标准化工作，必将被全球化经济社会的发展和历史进程更加验证其对全世界所发挥出的作用和贡献，以及十分重大的现实意义和深远的历史意义。

二、腐蚀控制工程全生命周期标准化工作范围

根据中美两国的联合提案及全世界两轮投票的结果和 TMB 最后 75/2016 号文所做出的决议，开展腐蚀控制工程全生命周期标准化工作的范围应是：以腐蚀控制工程全生命周期为对象，制定在确保人身健康和生命财产安全、国家安全和生态环境安全的经济社会运行底线的前提下，谋求实现

经济和长生命周期的最佳效益为目的，实施对影响腐蚀控制工程全生命周期全过程链条上的所有的目标、腐蚀源、材料、技术、开发、设计、制造、施工与安装、贮运、调试、验收、运行、测试检验、维护保养、维修、延寿、报废、文件管理和记录、资源、评估等有关条件、环节、节点、要素以及其上相应的腐蚀风险等加以相关必要的确保和控制要求所形成的整体性、系统性、相互协调优化性的综合性的技术管理标准。

三、腐蚀控制工程全生命周期标准化标准水平的评价依据

对制定和实施上述腐蚀控制工程全生命周期的具体标准，必须以所有相关必要确保和控制要求的有关条件、环节、节点、要素等以及其上相应的腐蚀风险为对象，使其所有模块与模块、环节与环节、节点与节点、要素与要素、局部与全局等在相互交织中达到相互支撑、相互协调、相互优化等，以确保实现腐蚀控制工程全生命周期整体的总目标为标准水平的评价依据。

四、腐蚀控制工程全生命周期范围

本腐蚀控制工程全生命周期标准化技术委员会不制定涉及所有相关必要确保的有关条件、环节、节点、要素等以及其上的腐蚀风险相关组织已经制定或还需要制定相应的具体的专业技术、专业管理等方面标准、规范和检测方法，而是规定必须通过相互协调优化性的选用、贯彻相关组织已经制定的或还需要制定的相应的具体的专业技术、专业管理等方面标准、规范和检测方法。

五、腐蚀控制工程全生命周期标准化作用

（1）成立腐蚀控制工程全生命周期标准化组织是从整体性、系统性、相互协调优化性的综合性方面进行制定相应的技术管理标准，不制定涉及所有相关相应的具体的专业技术、专业管理等方面标准，而是规定选好、用好这些标准并切实确保发挥其应有的效果，使全社会相关专业组织的优势、专长

和智慧在确保实现腐蚀控制工程全生命周期安全、经济和长生命周期最佳效益中共同得到应有的发挥和体现。

（2）本标准对于腐蚀控制业从过去单一（项）服务的设计、制造、生产、施工、安装、使用、维修等转化为腐蚀控制工程全生命周期智能化服务，提供了具有前瞻性的技术指导，具有引领和标准化的重要作用。

（3）通过这一领域标准化的制定和实施，可以使任何一个腐蚀控制工程项目从开始就能够遵循相应的标准，对该腐蚀控制工程全生命周期全过程链条上所需要相关必要确保的条件、环节、节点、要素以及其上相应的腐蚀风险等就能够制定出相应全面针对性的具有整体性、系统性、相互协调优化性的综合性的科学保证及预防措施和相应规范；投入生产运行过程中就能够依据遵循其相应科学保证及预防措施和相应规范，随时、随处加以监视、控制；一旦出现腐蚀风险，同样能够遵循其相应科学保证及预防措施和相应规范，提前预警，实施相应的预案和对策，防止或杜绝各种突发性，特别是重大事故的发生，从而使事关人身健康、人民生命财产和生态环境的经济社会运行的国家安全得到确保的情况下，实现经济和长生命周期的最佳效果。

六、腐蚀控制工程全生命周期标准化体系

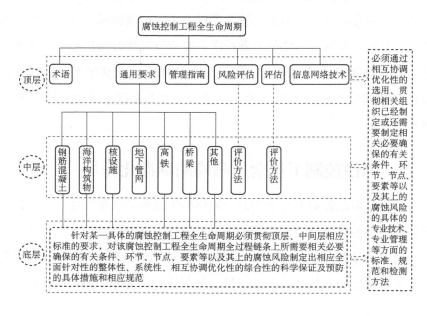

其中：

（1）顶层标准，包括：①基础标准：术语。②主导标准：腐蚀控制工程全生命周期通用要求。③配套标准：管理指南、风险评估、信息网络技术等。④对本标准不制定涉及所有相关必要确保的有关条件、环节、要素、节点及其上的腐蚀风险已经制定或还需要制定相应的具体的专业技术、专业管理等方面标准、规范和检测方法。要求本腐蚀控制工程全生命周期标准化委员会制定标准时在相关相应处必须规定相互协调优先采用。

（2）中间层标准，包括：针对某些腐蚀严重、关系安全且涉及面广的典型腐蚀控制工程领域，如地下管网、钢筋混凝土、海洋构筑物、地下管网等制定标准。按照顶层标准制定的模式结合相应典型腐蚀控制工程的实际具体制定。

（3）底层标准，包括针对某一具体的腐蚀控制工程全生命周期必须贯彻顶层、中间层相应标准的要求，对该腐蚀控制工程全生命周期全过程链条上所需要相关必要确保的有关条件、环节、要素、节点及其上边的腐蚀风险等制定出相应全面针对性的整体性、系统性、相互协调优化性的综合性的科学保证和预防的具体措施和相应规范。

七、近期工作建议

按照此体系，我们提出了一个近期工作建议：

（1）主导标准：

——《腐蚀控制工程全生命周期　通用要求》

该项目已完成提案起草，并且该标准目前已由中国国家标准委发布了中国国家标准，建议采取快速程序制定。

（2）配套标准：

——《腐蚀控制工程全生命周期　管理工作指南》

——《腐蚀控制工程全生命周期　风险评估》

以上两个项目已完成提案和草案的起草编写。

（3）相关标准：

——《钢筋混凝土腐蚀控制工程生命周期　通用要求》

——《管道腐蚀控制工程生命周期　通用要求》

——《核电厂腐蚀控制工程生命周期管理　通用要求》

——《不透性石墨设备控制工程全生命周期要求》

——《聚乙烯（PE）埋地燃气管道腐蚀控制工程全生命周期要求》

——《火电厂腐蚀控制工程全生命周期管理要求》

——《海洋工程装备腐蚀控制工程全生命周期要求》

——《耐蚀涂层腐蚀控制工程全生命周期要求》

——《腐蚀控制工程全生命周期信息网络技术规范》

其中，前三项已完成提案和草案的起草编写，其余几项也正在进行提案的准备。

上述标准将根据工作进展逐步推进，我们希望各成员能够积极参与相关标准的制定，当然，也欢迎大家提出新的工作项目。

八、成立国际腐蚀控制工程产业标准化战略联盟专家咨询组

为了履行和完成好腐蚀控制工程全生命周期标准化委员会所担当的职责和任务，使全世界与腐蚀控制工程产业有关的专家的才能和智慧得到发挥和作出贡献，我们建议成立国际腐蚀控制工程产业标准化战略联盟专家咨询组！欢迎各成员国积极推荐有关专家报名参加。

以上就是对于新委员会工作的一个总体认识和规划，希望各位专家和与会代表提出意见和建议，共同努力把这次会议开好，开出大家满意的成果！谢谢！

附二　第二次会议主题报告

一、标委会一年工作情况介绍

1. 成员情况

目前，标委会成员构成情况如下：

（1）P 国（10 个）：美国、奥地利、德国、日本、韩国、荷兰、中国、以色列、捷克、西班牙。

（2）O 国（15 个）：法国、印度、英国、孟加拉国、埃及、阿拉伯联合酋长、阿根廷、波兰、南非、沙特阿拉伯、斯洛伐克、新加坡、泰国、意大利、瑞典。

（3）成员国变动情况：2017 年，西班牙由 O 国转为 P 国，瑞典由 P 国转为 O 国。

2. 组织结构

根据上次会议通过的 2017-01 号决议，成立了开放的主席顾问组，根据 2018-01 号决议通过由刘平均担任主席顾问组主席。目前，已有日本、德国、中国注册为主席顾问组（CAG）成员。

3. 已建立联络委员会

TC 08 Ships and marine technology

TC 35 SC14 and SC15 Paints and varnishes

TC 67/SC 2 Pipeline transportation systems

TC 67/SC 7 Offshore structures

TC 71 Concrete, reinforced concrete and pre-stressed concrete

TC 85 Nuclear energy, nuclear technologies, and radiological protection

TC 107 Metallic and other inorganic coatings

TC 108/SC 5 Condition monitoring

TC 164 Mechanical testing of metals

TC 167 Steel and aluminum structures

TC 207/SC 5 Life cycle assessment

4. 工作提案进展

自第一次国际会议后，共有 6 项新项目提案在标委会平台发起立项投票。分别是：

（1）ISO/NP23123 腐蚀控制工程全生命周期　通用要求

（2）ISO/NP23221 管道腐蚀控制工程全生命周期　通用要求

（3）ISO/NP23222 腐蚀控制工程全生命周期　风险评估

（4）ISO/NP23225 核电厂腐蚀控制工程全生命周期　通用要求

（5）ISO/NP23252 海洋工程装备腐蚀控制全生命周期　通用要求

（6）ISO/NP23253 钢筋混凝土腐蚀控制全生命周期　通用要求

目前，3 项通过立项投票被 ISO 批准立项，分别是：

（1）ISO/NP23123 腐蚀控制工程全生命周期　通用要求

（2）ISO/NP23221 管道腐蚀控制工程全生命周期　通用要求

（3）ISO/NP23222 腐蚀控制工程全生命周期　风险评估

在本次会议上将讨论成立工作组开展三项标准的制定。

其余 3 项在投票中获得了 2/3 以上的赞成票，但由于参加成员不足暂未能通过。

根据 ISO 导则 2.3.5，委员会可以向 TMB 申请在立项投票通过条件中，减少提名专家积极参与项目工作的 P 成员数量，由于我标委会 P 成员数仅为 10 个，且腐蚀控制工程全生命周期还是一个新的领域，开展相关工作的国家还不多，因此我们建议向 TMB 提案减少 SC1 新立项通过所需参与工作的 P 成员数量。

二、标委会规划

1. 有关腐蚀控制工程全生命周期的几个理念

（1）腐蚀控制是一个系统工程，需要从整体性、系统性、相互协调优化性考虑解决。

从腐蚀引发事故的案例来看，往往并不是因为单一的材料、技术、检测，以及相关的专业管理、专业技术等方面的标准等本身出现问题，而是在应用其实施过程中所需要必须确保的条件、环节、节点和要素以及应控制其上的腐蚀风险等方面出现了失控、缺控或控制不当，导致了所有相关腐蚀的风险、要素得不到全面、精准的控制，只要其中一个风险、要素出问题，就会造成蚁穴溃堤式的大事故。

因此，腐蚀控制工程全生命周期就像人的生命"从摇篮到坟墓"的整个全过程。其全过程链条上所涉及的多条件、多要素、多环节、多节点等都需要得到整体性、系统性、相互协调优化性的综合性、科学性、技术性的控制。

（2）实现腐蚀控制工程全生命周期的最佳效益。

通过对腐蚀控制工程全生命周期内所有必保条件和要素与要素、环节与环节、节点与节点、部门与部门、局部与全局等在相互交织中达到相互支撑、相互协调、相互优化等的综合性的、科学性的、技术性的控制管理，在确保人身健康和生命财产安全、国家安全和生态环境安全的经济社会运行的前提下，谋求经济、生命长周期运行和绿色环保处理的最佳效益为目标。

（3）获得主体工程的最佳效益。

在实际中，腐蚀控制工程并不是独立存在，而是辅助于、附属于、服务于主体工程，某些情况下又制约主体工程性能作用的发挥。腐蚀控制工程往往并不会脱离主体工程独立进行设计、施工、管理等，因此，腐蚀控制工程全生命周期标准为主体工程提供腐蚀控制的依据，提出腐蚀控制要求，供主体工程采用。

而腐蚀潜伏存在于主体工程，或主体工程的某一部分或某一节点上，因此，所有腐蚀或腐蚀点都必须得到百分之百的控制（即使一个针眼的腐蚀点也必须按腐蚀控制工程全生命周期全过程链条上所有必保条件、要素、环节、节点和部门进行整体性、系统性和相互协调优化性的控制，并使必保条件和要素与要素、环节与环节、节点与节点、部门与部门、局部与全局等在相互交织中达到相互支撑、相互协调、相互优化等的控制），才能防止因腐蚀引起的主体工程质量、安全等问题，消除腐蚀风险，确保实现主体工程运行最佳效益的目标。

（4）从整体性、系统性、相互协调优化性的综合性方面进行制定相应的技术管理标准，不制定涉及所有相关相应的具体的专业技术、专业管理等方面标准，而是规定选好、用好这些标准并切实确保发挥其应有的效果。

（5）标准实施后作用：减少腐蚀损失、防范化解腐蚀风险、防控腐蚀造成污染，有效地解决腐蚀问题。

2. 标委会的标准体系规划

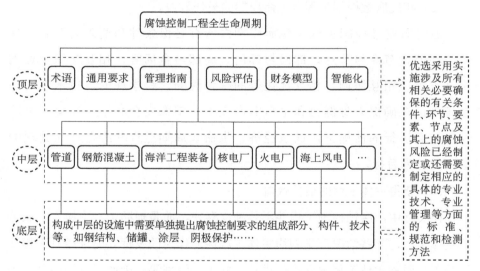

3. 标委会的组织结构体系规划

针对目前已经立项的三项工作项目，我们建议先成立两个工作组开展三项标准的制定工作，分别是：

WG1 通用：负责《通用要求》和《风险评估》的制定。

WG2 管道：负责《管道腐蚀控制工程》的制定。

今后，我们计划按照标准体系规划，逐步成立工作组，建立起组织机构体系，有序开展标准化工作。

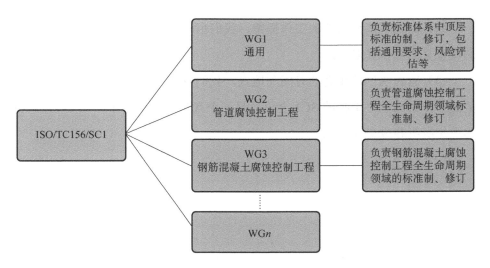

三、下一年度工作计划

（1）成立工作组，开展已立项标准的制定工作。

在本次会议上将讨论并通过决议成立工作组，任命工作组召集人，由召集人和项目负责人负责组织开展已立项标准的制定工作。希望下一年能够尽快提出工作组草案提交审议。

（2）除了已立项标准的制定，对于去年立项中未能通过的三项提案，我们希望提案人根据提案中收到的意见修改后继续上报，另外，目前我们也收到了由中国提出的 13 项新的立项计划，包括：①火电厂腐蚀控制工程全生命周期要求；②海上风电机组腐蚀控制工程全生命周期通用要求；③阴极保护工程全生命周期通用要求；④腐蚀控制工程全生命周期智能化技术规范；⑤不透性石墨设备腐蚀控制工程全生命周期要求；⑥聚乙烯(PE)埋地燃气管道腐蚀控制工程全生命周期要求；⑦港口设施腐蚀控制工程全生命周期　通用要求；⑧化工厂装置腐蚀控制工程全生命周期通用要求；⑨腐蚀控制工程全生命周期　管理工作指南；⑩核电厂腐蚀控制工程全生命周期体系；⑪海洋工程装备腐蚀控制工程生命周期　通用要求；⑫钢筋混凝土腐蚀控制工程生命周期　通用要求；⑬核电厂腐蚀控制工程全生命周期　通用要求。

在本次会议上，我们也将请相关提案人介绍提案。

　　另外，也继续征集新的工作提案，我们也希望各成员国能够积极提出新的有意义的工作提案。

　　（3）有关明年的年会的时间和地点，我们有两个选择，一是中国提出希望能够在中国承办单独的 SC1 会议；另一个就是继续和大 TC 一同召开，我们也想听听各成员的意见。

附三　第三次会议主题报告

首先，非常感谢各成员国专家对于腐蚀控制工程全生命周期这一新的国际标准化工作领域的高度重视和认真履行职责！作为 ISO/TC/156/SC1 这一新领域委员会成立的提案国之一，我们是在几十年亲身处理的因腐蚀缘故造成的 3000 多件各种质量、安全、环保等事故和结合国际上发生的类似事故上，经过全国专家多次论证、总结，并依据现代化的系统工程、工程科技、工业工程等科学理论分析认为，发生这些事故并不是防腐蚀的专业技术标准和专业技术本身所造成的，而是对腐蚀的控制缺乏全生命周期全过程的整体性、系统性、综合性控制的要求和相应的标准，为此，我们提出成立国际腐蚀控制工程全生命周期标准化技术委员会，对影响腐蚀控制工程全生命周期全过程链条上所有的因素制定相应要求和规定的标准，使所选用、采用相应的防腐蚀专业技术标准和专业技术得到整体性、系统性、相互协调优化性的综合性的保驾护航，实现其应有的防腐蚀效果和作用，确保主体工程的安全、经济、长周期和绿色环保地运行！受到了全世界各成员国家的积极响应和赞同：认为的确展示了很好的意图，并且意义深远，很值得思考，作为更进一步具体需求的基础领域，将是最通用的指导和最好的实践，有效的腐蚀控制程序将提高环境的可持续性、安全性并减少灾难性的事故发生；将是一个了不起的主动解决问题的途径；腐蚀控制工程全生命周期可以认为是开辟了一门新的学科等；最终形成 ISO/TMB75/2016 号决议批准成立委员会开展工作。这些评价和决议使我们受到了极大的鼓舞并坚定了信心。特别是成立三年来，通过两次年会的成功召开，我们先后提出了多项新标准立项提案，并有三项标准获批立项。标准立项后，我们按照法国会议的决定，组织中国各行各业的相关专家进行了多次讨论和修改，完成了标准委员会草案的讨论稿，随即分发给参与的国际专家进行讨论、修改并给出意见，对收到的所有国际专家的意见经认真研究、讨论和积极采纳修改意见后形成第二讨论稿，再分发给参与的专家进行确认后形成国际专家的统一稿，之后我们再将该稿分发给 P 成员国的专家征求意见，最后按照法国会议决议要求于 2008 年 12 月完成委员会草案时，按时提交给了国际秘书处。国际秘书处正式向委员会的成员国征求意见，得到各成员国的肯定和支持。在这一系列工作中，各成员国和专家，特别在委员会草案的完成过程中给予了很大的帮助和重要贡献！为今后如何制定好腐蚀控制工程全生命周期这个新领域的系列具体标准奠定了基础，在此，特向所有的成员国和专家表示衷心的感谢！

腐蚀问题的存在是普遍性、隐蔽性，其破坏是渐进性、突发性，它依附存在于国民经济的各行各业的主体工程中，因此，对腐蚀控制工程全生命周期国际标准的制定，特别是顶层标准的制定的定位相应就必须要立足适应于国民经济的各行各业，具有通用性、适用性，为此，我们组织了国民经济中的具有代表性的石油化工、核电、火电、风电、海洋工程、管道、钢筋混凝土等的企事业单位、科研院所、大专院校等相关的专家，针对腐蚀控制工程全生命周期国际标准的制定开展了大量的预研工作，今天各行各业相关的专家代表同时也前来出席本次大会，希望与各国专家进行会上会下更深入、更广泛地相互交流、学习，探讨分享对腐蚀控制工程全生命周期标准化工作的理解，共同履行、承担、完成好 ISO/TC/156/SC1 国际标准化技术委员会的职责、任务和有关工作，确保国民经济社会在安全、经济、长周期和绿色环保的运行中做出我们应有的贡献！

以下是我们对于腐蚀控制工程全生命周期标准化工作和更好地制定好相应的具体标准的理解和认识，和大家共同探讨、交流。

一、标准化对象

以腐蚀控制工程全生命周期（corrosion control engineering life cycle，CCELC）为对象。

二、标准化任务

制定出对影响腐蚀控制工程全生命周期全过程链条上所有因素的相应要

求或规定的控制标准；所有的因素包括目标、腐蚀源、材料、技术、开发、设计、制造、施工和安装、装卸、贮存和运输、调试、验收、运行、测试检验、维护保养、维修、延寿、资源、绿色环保、可追溯性和支持性的文档和记录、评估等。

三、目标

在以确保人身健康和生命财产安全、国家安全和生态环境安全的经济社会运行的基础上，谋求经济、长生命周期运行和绿色环保处理的最佳效益。

四、标准化水平

为确保目标值的实现，所制定出的标准水平一定使所有的因素与因素、局部与全局等在相互交织中达到相互衔接、相互支撑、相互协调、相互优化并形成整体性、系统性、综合性的对腐蚀进行事前、事中、事后的全面控制。

五、对所有因素的相应要求或规定的标准的制定必须遵照以下原则

（1）首先应科学识别确定出对影响腐蚀控制工程全生命周期全过程链条上的所有因素；

（2）对于所有因素中的每个因素应择选出相适应需要的若干个（如材料、制造单位、技术、施工方案、设计方案等）既能抗拒相应腐蚀源又确保安全的基础上，并经过相互协调，优化出能实现经济、长周期运行和绿色环保的最佳效益的所需要的具体事物。

（3）优化出的所需要的具体事物同时还要具备以下条件：①还要与其他因素及全局能够相互协调并优化；②具有相应的业绩和实施案例；③能提供相应的依据、专业标准、检验标准或规范等。

（4）以上的工作要经过一定程序或第三方的认定：①程序的完成性和可

鉴证性；②有可追溯性和支持性的文档和记录证明对相应因素完成了相应的程序。

六、与其他相关标委会标准的关联性

通过相互协调优化性的选用，采用相应现有的专业技术、专业管理的标准，实现全生命周期的系统性，若是发生或遇到还需要制定的专业技术、专业管理的标准，则推荐给相应的标委会来制定并相应选用、采用和贯彻实施，同时在贯彻实施中对所有因素进行程序上的相应认定，且需要有可追溯性和支持性的文档和记录来证明对所有因素实施了本标准的规定要求；这是腐蚀控制工程全生命周期标准化对现有国际标准化 TC 中的防腐蚀标准化一个尚未涉及的综合性、系统性全生命周期领域的重大补缺和工程科技的创新。

七、标准制定的背景和指导思想

我们强调的是程序的完成性和可鉴证性，这也恰恰是我们认为目前要解决因腐蚀还在不断造成的各种重大安全的事故和急需要解决的短板，就是在腐蚀控制工程全生命周期内缺乏全过程的整体性、系统性、综合性的控制，而我们的标准正是要从系统工程的角度和全生命周期的角度提出全过程、全因素的控制要求，达到确保安全、经济、长周期运行和事后绿色环保处理的最佳效益的目标。

八、腐蚀控制工程全生命周期标准的应用范围

应用于各行各业所有依附存在于主体工程装置、设施中的腐蚀控制，包括整体、局部、面、线，即使是一个点上的腐蚀控制（因腐蚀控制工程全生命周期标准就是为解决无处不有、无时不有的给人类社会造成隐蔽性、渐进性、突发性的各种灾难性的普遍存在的腐蚀而制定出的整体性、系统性、相互协调优化性的综合性、通用性的对腐蚀实施事前、事中、事后全面控制的标准）。

九、腐蚀控制工程全生命周期标准的重大作用

腐蚀控制工程全生命周期标准是为了解决因腐蚀还在不断给人类社会造成各种安全、环保、资源等重大事故；是对集全社会所有相关解决腐蚀的专业技术、腐蚀标准、管理技术、管理标准等人类的智慧采集中，针对相应存在的具体腐蚀现状（包括腐蚀源、工况条件、施工单位等），择选出最佳的、有针对性的，具有整体性、系统性、相互协调优化性、综合性的，实施对相应腐蚀进行事前、事中、事后的全面控制，确保实现腐蚀控制工程全生命周期安全、经济、长周期运行以及事后绿色环保处理的最佳效益。

本标准对于腐蚀控制业将从过去单一（项）的设计、制造、生产、施工、安装、使用、维修等服务，成为事前、事中、事后的全面综合性的现代智能化的技术服务。

这一领域标准化的制定和实施，可以使任何一个腐蚀控制工程的项目从开始时就能够遵循该标准，对该腐蚀控制工程全生命周期全过程链条上所有因素进行针对性的、整体性、系统性、相互协调优化性的、综合性的、科学性的全面控制及预防；投入生产运行过程中同样依据遵循该标准对腐蚀进行相应的科学全面控制及预防，随时、随处加以监视、控制，一旦出现腐蚀风险同样依据遵循该标准，提前预警，实施相应的预案和对策，实现防止或杜绝各种突发性，特别是重大事故的发生，从而使事关人身健康和生命财产安全、国家安全和生态环境安全的经济社会运行的情况下，实现经济、长生命周期及事后绿色环保处理预案的最佳效益。

对于在役运行中的装置、设施存在的腐蚀，依据该标准进行检查、比对、评估和总结，对于存在的差距、短缺，应采取相应措施进行整改、完善，实现避免或减少各种事故的发生，特别是重大事故的发生，确保国民经济的安全运行。

为其他行业的供给侧结构性改革实施从源头到最终用户全过程链条上所有环节制定相应的全生命周期标准将会起到启迪示范和借鉴作用，对国家标准制定的改革、国际标准制定的改革等都会起到参考作用，对促进整个国际

经济社会的持续健康安全发展有着十分重大的意义。

十、腐蚀控制工程全生命周期标准化的体系初步规划

（1）顶层标准：

主标准：腐蚀控制工程全生命周期通用要求。

配套标准：腐蚀控制工程全生命周期基础术语、腐蚀控制工程全生命周期标准体系指南、腐蚀控制工程全生命周期风险评估、腐蚀控制工程全生命周期经济评价、腐蚀控制工程全生命周期智能化技术规范、腐蚀控制电化学保护工程全生命周期通用要求。

（2）中间层标准：

针对某些腐蚀严重、关系安全且涉及面广的典型腐蚀控制工程领域，如发电厂（核电、火电、水力、风力、光伏）、化工厂、钢筋混凝土、管道等制定标准。按照顶层标准制定的模式制定相应的行业、专业腐蚀控制工程全生命周期的具体的标准。

（3）底层标准：

依据顶层或相应中间层的标准，对某一个具体工程、项目，甚至主体工程上某一个点上的腐蚀控制制定出相应的可具体操作实施的底层标准。

（4）在此体系初步规划、实施开展的同时，对于腐蚀控制工程全生命周期全过程链条上的每一个环节因素依据综合性、系统性全生命周期的理念进行相应的腐蚀控制工程全生命周期标准体系的规划及标准的制定，共同构建完善腐蚀控制工程全生命周期标准化的整体、综合体系。

以上就是我们想和大家分享的有关腐蚀控制工程全生命周期标准化工作的认识，希望通过我们的分享，能够进一步取得各位专家的共识，也期待今后和大家共同携手开展这一领域的标准化工作。在此，我们诚恳地邀请各成员国、观察国的专家到中国访问、考察、交流！更希望和欢迎明年的年会到中国召开！

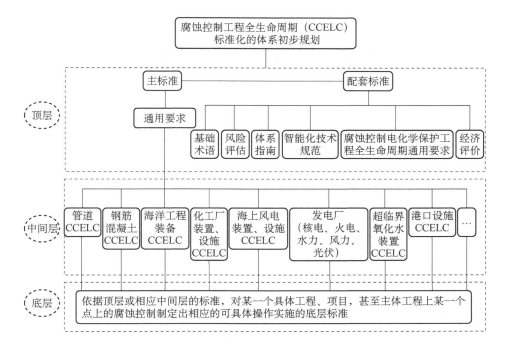

附四 第四次会议主题报告

为解决腐蚀给人类社会造成的各种危害，包括装置设施损坏、人身伤亡、环境污染、资源浪费等重大安全、环保、资源事故的发生，世界各国各行、各业、部门等都从不同的角度，针对不同的腐蚀源进行了专题攻关、研制，开发出了具有相对适应国民经济发展需求的单项、一物降一物的、以防为主的科研成果，以及相应的专业技术标准。这些都是全人类在对腐蚀不断深入研究、认识（即腐蚀本身的原理是相同的，但腐蚀控制的复杂性及难度在于：既要考虑腐蚀介质，又要考虑各行各业具体的环境条件、工况条件的要求）的基础上，经过不懈的拼搏奋斗所取得的极为重要的宝贵财富，并为全世界经济、社会的安全运行、发展做出了重要贡献，这点毋庸置疑的！

为使①保障这些科技成果及相应的专业技术标准能够充分发挥其本身应有的或更好的效果，全面转化为生产力；②杜绝腐蚀仍不断造成的安全、环境、资源等重大事故的发生，我们郑重地提出了腐蚀控制工程全生命周期的理论研究、应用和标准化理念。首先从标准入手，由中国主导，联合美国申请成立"国际（ISO）腐蚀控制工程全生命周期标准化技术委员会"。得到了全世界各成员国家的积极响应和赞同：认为的确展示了很好的意图，并且意义深远，很值得思考，作为更进一步具体需求的基础领域，将是最通用的指导和最好的实践，有效的腐蚀控制程序将提高环境的可持续性、安全性和减少灾难性的发生；这将是一个了不起的主动解决问题的途径。腐蚀控制工程全生命周期可以认为是开辟了一门新的学科等，最终形成 ISO/TMB75/2016 号决议，批准成立国际腐蚀控制工程全生命周期标准化技术委员会（ISO/TC156/SC1）开展工作。

ISO/TC156/SC1 的成立，在国际腐蚀控制领域中是一件历史性的具有里程碑式意义的大事件；表明全人类对解决腐蚀问题的认识有了一个突破性的重大飞跃，从以单一性、局部性的被动防腐蚀为主，迈向了以主动在事前、事中、事后实施整体性、系统性、全局性的全面控制为主的解决腐蚀问题的新时代；表明将长期分散在各行各业的附属性、辅助性、服务性的腐蚀业，上升形成以"腐蚀控制"为统一综合完整板块的重要专业、行业或产业种类，在国民经济中占有一席之地，从而纳入到国民经济建设、发展的大盘中统一谋划，得到必要的重视和应有的支持，以适应国民经济协调建设、发展的需求和保证；揭开了历史性的、前所未有的腐蚀控制业的新篇章，具有十分重大的现实意义和历史意义！

腐蚀控制工程全生命周期的理论研究、应用及其标准化的理念是在消化吸收经济学和现代管理科学（工程科技、系统工程、工业工程、价值工程、生产力要素等），特别是工业工程和系统工程的理论及现代工业化、信息化和互联网+的高度融合的大数据基础上，结合我们长期在一线工作的亲身经历和总结以及国内外各种事故的调查研究、分析及反复的论证，为从根本上全面解决腐蚀问题现状而提出的重大课题。

腐蚀控制工程全生命周期标准化是以腐蚀控制工程全生命周期为对象，对影响腐蚀控制工程全生命周期实现抗拒相应的腐蚀源，在确保人身健康和生命财产安全、国家安全和生态环境安全的基础上，谋求经济、长周期和绿色环境保护的最佳效益的全过程链条上所有因素，如：目标、腐蚀源、材料、技术、开发、设计、制造、施工与安装、装卸、贮存和运输、调试、验收、运行、测试检验、维护保养、维修、延寿、报废、文件和记录、资源、评估等，按照整体性、系统性、相互协调优化性的原则制定出相应的控制要求或规定的标准。

同时，通过近几年工作总结，我们提出了腐蚀控制工程全生命周期理论实施运作体系。

对上述制定出的腐蚀控制工程全生命周期的控制要求或规定的标准在实施过程中要按以下步骤：首先应以各因素为对象，在符合各因素相应要求中，初步协调、优选出各因素要求的最好的对象或项目（这里的对象或项目就是从全人类已经研制出的存量和新研制出的优质增量的所有科研成果及专业技术标准中优化出来的）；经横向性协调优化，进而再进行全局性、整体性、综合性的协调优化，这样利用数字经济经多次反复协调优化形成最终的最佳方案。最佳方案要达到：使全过程链条上的模块与模块、环节与环节、节点与节点、因素与因素、局部与全局等在相互交织中达到相互支撑、相互协调、相互优化等，其中对阴极保护装置、设施中的恒电位仪（外加电流）及测试桩必须始终处于有专业水平资格的人员操作、控制、调整中，一旦不能调控时，即可发出预警，采取相应的措施。这就把腐蚀破坏的隐蔽性、渐进性、突发性变为可见性、可控性、可调性，把腐蚀造成的各种危害，特别是重大安全、环保事故杜绝在发生之前，实现腐蚀控制工程的总目标。

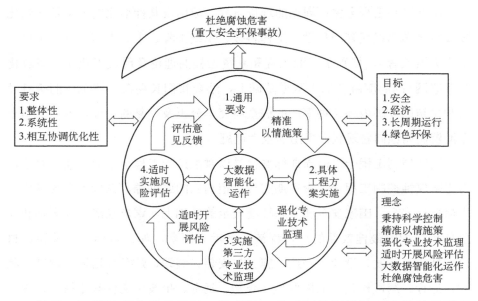

　　但是，因腐蚀存在的普遍性、隐蔽性，其破坏的渐进性、突发性是潜伏于主体工程上的各个方面，对实施过程进行控制又分散存在于主体工程的各个不同阶段（设计、工艺、制造、施工、安装、保养维修、使用操作等），并且由不同的人分别进行相应相关的作业、实施、执行，而且又是在看不见、摸不着、更不能独立显现到明处的情况下实施控制，因此即便是一个点、一个针眼的腐蚀没有按标准得到应有控制，或任何一个控制因素失控或控制不当，都有可能会造成蚁穴溃坝式的灾难。为保证标准能精准贯彻和实施，在贯彻和实施腐蚀控制工程全生命周期标准同时，需强制施加腐蚀控制全生命周期工程专业技术的第三方监理监督，切实保驾标准时时生威、处处有效。由于腐蚀问题的特殊性，腐蚀控制全生命周期工程专业技术监理不同于其他工程监理，开展腐蚀控制全生命周期工程专业技术监理必须要有经培训专业技术人员，按照拟立项制定的腐蚀控制全生命周期工程专业技术监理标准要求

对贯彻腐蚀控制工程全生命周期标准体系中的精准以情施策的具体规定负责专业技术监理，杜绝腐蚀造成的各种危害。

随后，适时开展对腐蚀控制全生命周期工程的风险评估，总结评估标准自身及其实施过程中、监理过程中的问题，对标准的合理性、完善性，监理的实施度进行优化补充。上述过程，按腐蚀控制工程全生命周期通用要求，优选具体标准规定精准以情施策，标准实施过程中施加专业技术的第三方监理监督，经风险评估进一步优化完善标准及其实施步骤，形成从标准本身到标准实施再到优化完善的完整闭环。按照这一思路，我们提出了多项国际标准提案及总体标准体系和规划草案。

从 2013 年正式提出到 2016 年批准成立标委会，三次全体会议的成功召开，四项标准的批准立项，三项标准制定的推进，通过对七年的实施经历的认真总结，我们更加坚信：按照既定制定出和即将立项、制定出的这些体系中标准的所有规定的统一要求，应用现代化的网络互联网技术及现代化的大数据、数字经济的智能化，对上述全人类已经研制出的存量和新研制出的优质增量的所有科研成果及专业技术标准，针对每一个因素按照抗拒相应的腐蚀源及目标值要求进行深度融合协调，优选出初步各因素要求的最好的对象或项目，经横向性协调优化，进而再进行全局性、整体性、综合性的协调优化、这样经多次反复协调优化形成出最终的最佳方案，对相应具体的腐蚀控制全生命周期工程实施事前、事中、事后的全智能化的全面控制或预控、预警；不仅要严格贯彻和实施这些来之不易的、用人们生命换来的标准，同时必须施加腐蚀控制全生命周期工程的第三方专业技术的监理监督。这就一定能够在确保人身健康和人民生命财产安全、国家安全和生态环境安全的经济社会运行底线的基础上，实现经济、长生命周期运行和绿色环保的最佳效益，美丽的地球家园就一定能够持续保持！为此，我们建议在以下几个方面重点加强、加快开展有关标准的立项、制定工作：

（1）腐蚀控制全生命周期工程专业技术监理规范标准。

（2）阴极保护工程全生命周期的通用要求规范标准。

（3）腐蚀控制全生命周期工程智能化运作的技术规范标准。

（4）对腐蚀控制工程全生命周期标准体系能够精准贯彻施策，还需要立项、制定技术支持、支撑相关所有因素的相应规定或规范或导则或指南等。

国际腐蚀控制工程全生命周期标准化技术委员会（ISO/TC156/SC1）经过四年的实践运行，得到了各成员国和各位专家的大力支持及帮助，取得了显著的重要成果。①这次我们对已制定的腐蚀控制工程全生命周期标准体系进行了大的调整及完善（附图），提出按照主导标准、辅助标准、配套支撑标准（规范/导则/指南）三大系列进行编制；②同时提出了拟制定标准项目清单，希望各成员国家和专家给予支持、帮助，并派专家积极参加，和我们共同承担完成这些清单项目；③此外，由于本委员会的工作是一个具有开创性的全新领域，任务重，市场又急需迫切，希望能尽快变为 TC，有利于避免误会，更快发展更多的成员国和专家积极参加本标准委员会，也有利于更好地开展工作，完成任务！

综上所述，秉持科学控制，精准以情施策，强化专业技术监理，适时开展风险评估，大数据智能化运作，杜绝腐蚀的危害！这是 ISO/TC156/SC1 成立后我们对中国国内的腐蚀控制工程进行试点、验证、评估、总结基础上，提出的一套完整的从根本上全面解决杜绝腐蚀危害的理念和方法。目前，我们已经在中国提出了"腐蚀控制工"这一新的职业类型，被中国政府采纳并纳入了国家职业种类。我们受国家委托也正在编写有关腐蚀控制工的职业要求和培训教材，欢迎各国专家合作。为了进一步获得最佳实践，我们还需要开展更多的标准实施试点、验证工作，希望标委会能够支持在中国开展以下工作：

（1）在中国开展腐蚀控制全生命周期工程专业技术监理的试点；

（2）开展从事阴极保护全生命周期工程单位、人员的培训、水平的评价；

（3）筹建腐蚀控制工程全生命周期体系标准的验证基地等工作。

在此基础上，进一步总结实践经验，为标准的科学编制提供更加可靠、更具实践性的依据。

最后，我们诚恳地欢迎各成员国和各位专家同我们合作，共同开展上述工作。我们坚信，在标委会各成员国和专家的共同努力支持下，秉持科学控制理念，精准以情施策，强化专业技术监理，适时开展风险评估，大数据智能化运作，杜绝腐蚀危害（重大安全、环保事故）就一定能够尽快实现！

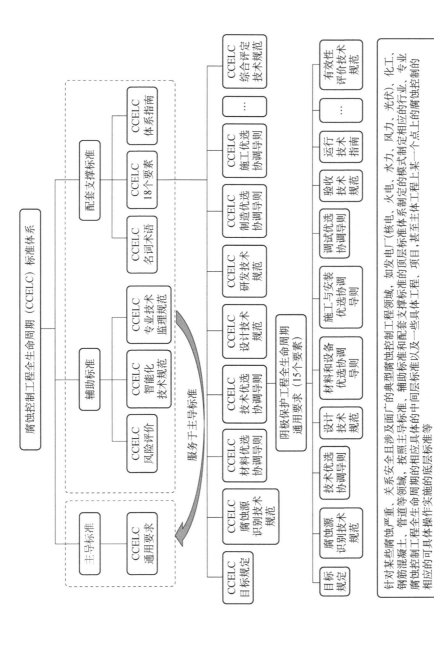

附图

附五　第五次会议主题报告

腐蚀控制工程全生命周期的理论研究、应用及其标准化理念于 2013 年正式提出，到 2016 年国际腐蚀控制工程全生命周期标准化技术委员会（ISO/TC156/SC1）批准成立，再到 2020 年 ISO 23123《腐蚀控制工程全生命周期　通用要求》、ISO 23222《腐蚀控制工程全生命周期　风险评估》及 ISO 23221《管道腐蚀控制工程全生命周期　通用要求》3 项国际标准由国际标准化组织（ISO）正式向全世界发布，前后历经八年，取得全世界共识。

一、腐蚀危害的严重性、残酷性

腐蚀隐蔽潜伏于整个国民经济 1381 个行业体系中，时时刻刻吞噬着地球上的有限资源，时时刻刻对全世界各个行业以隐蔽性、渐进性的过程进行蚕食、破坏，直至造成突发性的人身伤亡和财产损失、环境污染等重大事故！据 20 世纪 70 年代全世界经各国经调查后达成的共识，腐蚀每年对国民经济造成的损失约占当年 GDP 的 3%～5%。世界银行统计公布的 2019 年全世界 GDP 总量约为 87.8 万亿美元（折合 566.8 万亿元人民币），按此计算，2019 年全世界腐蚀造成约为 2.6 万亿～4.4 万亿美元的损失（折合约为 16.8 万亿～28 万亿元人民币）。而腐蚀引起的各种突发性的人身健康和生命财产安全、环境污染等重大事故的发生所造成的损失就更难以估量！

二、腐蚀控制的重要性

通过积极科学的腐蚀控制，至少可以挽回 1/3 腐蚀损失，按此推算，2019 可以挽回约 0.82 万亿～1.35 万亿美元损失，至少可减少 5.67 亿～9.33 亿吨标准煤的能源损耗，挽回 17010 亿～27990 亿度电和 13.608 亿～22.392 亿吨水的资源浪费，并减少排放 14.742 亿～24.258 亿吨 CO_2、136.08 亿～223.92 亿公斤 SO_2 以及 39.69 亿～65.31 亿千克氮氧化物和 170.1 亿～279.9 亿千克烟尘。

三、腐蚀控制工程全生命周期标准化体系是当代国际全面解决腐蚀问题的最佳对策和解决方案

上百年来，人类为了控制腐蚀付出了极大的代价，对腐蚀控制业的认识、研发的科技成果积累了相当丰厚的资源，但是各种腐蚀事故仍不断在发生，究其原因并不是所实施的这些科技成果出问题，而是在实施这些科技成果的过程中缺少一些应控制的因素或应控制的因素没有得到控制，也就是说缺少一套完整的腐蚀控制工程全生命周期理论研究、应用及其标准化的理念依据或指导。中国结合长期同腐蚀顽强斗争的实践，亲历解决腐蚀造成3000多项各种危害，包括各种重大伤亡、财产损失、环境污染等事故，以及对国内外大量的因腐蚀之缘而发生的各种灾难性事例进行深入的反复论证的总结，首次提出以标准为切入点的腐蚀控制工程全生命周期理论研究、应用及其标准化的理念。经全世界的ISO成员国及其相应专家的研究讨论，同意成立了国际腐蚀控制工程全生命周期标准化技术委员会，其所制定的首批三项国际标准也被国际标准化组织（ISO）正式向全世界发布！这就为解决腐蚀长期对人类社会且目前还在不断造成财产、资源损失和人员伤亡等重大安全以及环保事故的问题，找到了一套全面的最佳对策和国际最新腐蚀工程科技的解决方案！这是得到了全世界ISO成员国及其专家的响应和全力支持，从而取得的伟大成果！在此，中国代表团特向全世界ISO成员国及其专家和所有参加会议的代表所付出贡献表示衷心地感谢！

四、具有来之不易的重大里程碑式的意义

1）国际腐蚀控制工程全生命周期标准化技术委员会（ISO/TC156/SC1）的成立，标志着全世界的腐蚀控制业在本领域开始迈向了统筹、协调性的总揽，研究制定国际标准、建立共同语言的新时代，也标志着人类上百年来对腐蚀控制业的不断深入认识和研发出的各种科技预防、控制的知识、技术等资源积累到了一个极为丰厚、需要进行总揽、综合、梳理、优选配置的重大的新阶段。

2）正式发布的三项国际标准中，ISO 23123《腐蚀控制工程全生命周期

通用要求》为国际腐蚀控制工程全生命周期主体标准体系中的总主导标准，ISO 23222《腐蚀控制工程全生命周期　风险评估》为保障标准的其中之一，ISO 23221《管道腐蚀控制工程全生命周期　通用要求》为管道领域大类的分主导标准。这就对普遍存在于 1381 个行业中的腐蚀问题的解决，为整个国民经济的建设和运转提供了一个能够全面开展秉持腐蚀的科学控制、具体以情精准施策、强化专业技术监理、适时开展腐蚀风险评估、实施智能化大数据数字经济运作的一套可靠、完整的腐蚀控制工程全生命周期标准体系，树立了可遵循参考的科学模板、依据或标准！

3）对长期分散、伴随、依附、辅助、服务于 1381 个行业各自相应的防腐蚀专业，形成了一个以"腐蚀控制"为统一的、综合的国民经济的行业、产业，从而可以融入国民经济大盘的建设、发展中，适应国民经济协调建设、发展的需求和保证，使全世界的腐蚀控制业踏上了为国民经济的建设和发展铸起相应的、可靠的、高质量发展的铜墙铁壁式的绿色腐蚀控制屏障的新征程，揭开了历史性的、前所未有的腐蚀控制业的新篇章。

4）使全人类上百年来对腐蚀问题从一直处于以防为主的单一性、被动性开始迈向了以主动为主的事前、事中、事后实施整体性、系统性、相互协调优化性、全面综合程序性的资源优化配置而进行全面控制，实现腐蚀导致的危害事件的减少、避免甚至杜绝的新时代！

5）根据 ISO/TC156/SC1 第四次全会 2020-07 号决议要求，决定在中国开展腐蚀控制工程生命周期标准化体系建设和实施的国际示范基地的建设，目前在中国已开始全面落实。

（1）腐蚀控制工程全生命周期的专业技术监理项目

经三项专业技术监理实施案例，包括：大亚湾核电厂设备衬胶项目、天津滨海新区国际仓储汽车表面漆膜腐蚀项目、河南驻马店脱硫塔腐蚀事故司法鉴定项目，《腐蚀控制工程全生命周期　通用要求》标准均得到了很好的实施，为项目的稳定运行、风险识别、事故鉴定提供了技术依据。根据上述专业技术监理的实践，目前形成了《腐蚀控制全生命周期工程专业技术监理》国际标准提案。

（2）从事阴极保护全生命周期工程单位、人员的培训、水平评价

我们制定发布了 T/CIATA 0027—2019《阴极保护从业人员及企业水平评价》标准，并按照此标准要求，在中国对开展阴极保护全生命周期工程的单位、人员进行了培训和水平评价，一年来共培训、评价从业人员近百人，评价单位近 20 家。提高了阴极保护从业人员及单位的整体素质，推动了腐蚀控制工程行业的发展。我们也正在开展预研工作，研究提出国际标准提案的必要性和可行性。

（3）筹建腐蚀控制工程全生命周期标准化体系建设和实施的国际示范基地

目前在建和在役的腐蚀控制工程全生命周期标准化体系建设和实施的国际示范基地有四个：海南三亚海洋腐蚀控制工程全生命周期标准化体系实施的国际示范基地、深圳惠州核电厂腐蚀控制工程全生命周期标准化体系实施的国际示范基地、中化控股济南裕兴钛白粉厂废酸浓缩系统和 200 km 原油输送管道腐蚀控制工程全生命周期标准化体系实施的国际示范基地。在上述四个基地贯彻实施《腐蚀控制工程全生命周期　通用要求》（ISO23123：2020）、《管道腐蚀控制工程全生命周期　通用要求》（ISO23221：2020）、《腐蚀控制工程全生命周期　风险评估》（ISO23222：2020）等三项国际标准，运行结果表明，贯彻腐蚀控制工程全生命周期体系标准，实施专业技术监理和风险评估，能有效减缓或预防腐蚀的发生，提高企业经济效益、减少废酸排放。

6）经世界 ISO 成员国及其专家的长期坚持与不懈努力，腐蚀控制行业已取得了重大突破，但要实现彻底杜绝腐蚀造成的危害，仍任重道远。为此，中国专家组建议加快腐蚀控制工程全生命周期标准化体系建设和实施及其相应标准制定工作：

全面加快腐蚀控制工程全生命周期标准化体系建设和实施及其相应标准的制定工作，就是要立足于全球腐蚀控制工程全生命周期领域全局的高度，集当代全世界腐蚀控制领域中所有相关的专业科学、专业技术、专业管理、专业标准等研究和实践之成果，以腐蚀控制工程全生命周期为对象，对影响

其实现抗拒相应的腐蚀源，并确保人身健康和生命财产安全、国家安全和蓝天、碧水、净土生态环境安全经济运行的前提下，谋求经济、长周期和绿色环保的最佳效益为目标的全过程链条上的所有相关因素，开展其因素内、因素间及全局间的相应成果资源的优化配置，通过统筹、协调性的总揽，制定出一套完整、完善的包括主体标准体系和保障标准体系的具有整体性、系统性、相互协调优化性、全面综合程序性的国际腐蚀控制工程全生命周期的标准化体系，形成或建立起本领域的共同语言！达到实现避免、减少或杜绝腐蚀给人类造成的各种危害！

目前，初步建立了标准化体系的主体框架，同时也为如何建立好一个完整、完善的国际腐蚀控制工程全生命周期标准化体系，统一了认识，明确了国际腐蚀控制工程全生命周期标准化技术委员会的职责，进一步界定了工作的方向、目标、对象、途径、范围、任务！

中国专家组经多次不断研究讨论了进一步修改完善并制定了腐蚀控制工程全生命周期标准化体系的说明和腐蚀控制工程全生命周期标准化体系的整体规划及未来拟制定的标准汇总表（见附件一、二、三），希望多提意见，以便进一步完善。

另，中国代表团郑重再一次提出：由于本委员会的工作是一个具有开创性的全新领域，任务重，市场又急需迫切，希望能尽快变为 TC，避免不必要的误会，发展更多的成员国和专家参加本领域标准化工作，以利于更好地开展工作，履行职责！

7）经中国国家政府批准，将于 2021 年 11 月 4～6 日在中国深圳召开首届国际腐蚀控制工程全生命周期高层专家论坛大会！本次会议是在 2016 年国际腐蚀控制工程全生命周期标准化技术委员会成立和 2020 年 ISO 23123：2020《腐蚀控制工程全生命周期　通用要求》等三项国际标准发布后召开的腐蚀控制工程全生命周期领域内首届国际高层专家论坛大会。大会主题为"腐蚀控制工程全生命周期理论、应用、标准"，会议主要内容为：

（1）全面总结 ISO/TC156/SC1 自筹建以来的工作；

（2）对腐蚀控制工程全生命周期理论及其应用、标准化的重大意义和作用的深入研究及论证；

（3）对腐蚀控制工程全生命周期国际标准化体系及标准制修订工作深入解析；

（4）腐蚀控制工程全生命周期理论和标准在不同领域的应用情况分析及讨论各领域腐蚀控制工程全生命周期国际标准的编制工作。

在此，我们也诚邀全世界各成员国有关单位及专家参加本次论坛大会，中方将承担各位与会国际专家参会期间的出行与食宿费用，期望与各位专家一同加快推进腐蚀控制工程全生命周期标准化体系建设和实施及其相应标准制定工作，在确保人身健康和人民生命财产安全，国家安全和蓝天、碧水、净土生态环境安全的经济社会运行底线的基础上，早日实现经济、长生命周期运行和绿色环保的最佳效益。

附件一：腐蚀控制工程全生命周期标准化体系的说明

附件二：腐蚀控制工程全生命周期标准化体系的建设规划

附件三：拟制定的标准汇总表

附件一：腐蚀控制工程全生命周期标准化体系的说明

腐蚀控制工程全生命周期标准化体系的建设和实施是依据上百年来国内外的实践及经历和现代的管理学说及国际著名大师的管理科学的理论而大成。

（1）为了有效控制腐蚀，减少腐蚀损失，防范化解腐蚀风险，防控腐蚀污染，我们是在依据国内外发生的各种腐蚀危害事故和亲身的经历及亲自处理过的三千多种因腐蚀的质量、安全案件并结合腐蚀行业一百多年的情况，深入应用经济学、系统工程学、工业工程学、工程科技学等现代管理学的理论，创造性地提出了腐蚀控制工程全生命周期理论研究、应用和标准化的理念。

（2）在腐蚀控制工程全生命周期理论研究、应用及其标准化理念产生的基础上，从腐蚀控制工程全生命周期的整体着想，并以企业的经济安全、生态环境、最佳效益为出发点，制定出了具有普遍实用性、通用性的一套腐蚀控制工程全生命周期理论和方法。这是在洞察隐藏在千百万件腐蚀缘故的安全、环保事故背后潜伏的各种腐蚀吞噬因素，通过对腐蚀控制工程全生命周期全过程的分析、解剖，并通过对各种因素概念的归纳和逻辑推论，最后提炼成腐蚀控制工程全生命周期的整体性、系统性、相互协调优化性、全面综合程序性的理论和方法。因此，其具有重大的、有效的实践指导意义！

（3）腐蚀控制工程全生命周期标准化体系的理论是高度融合现代管理学之父、大师中的大师彼得·德鲁克的"目标管理"理论；现代质量管理的领军人物约瑟夫·朱兰的从质量管理的整体思想，并以企业的经济效益为出发点，成为ISO9000族标准中质量环理论基础的"质量螺旋图"理论；质量管理的一代宗师、全面质量管理的创始人威廉·爱德华兹·戴明的"戴明环"即PDCA循环图的理论；日本"质量圈"运动的最著名的倡导者、"QCC"之父石川馨发明的分析、解决具体问题的"石川图"，也称"因果图"或"鱼刺图"的理论等之大成而应用到腐蚀控制工程全生命周期领域中的一项重大的国际创新。

（4）腐蚀控制工程全生命周期标准化体系的建设和实施是关系人身健康

和生命财产安全、国家安全和蓝天、碧水、净土生态环境安全的经济运行的一项前途无量、前所未有的伟大事业！不仅其制定的标准体系极具科学性、实用性、时效性、有效性，而且由标准化的管理体系建设、标准化运作的体系建设、标准化运作监督的体系建设、标准化智能数据化的体系建设、标准化人才培养的体系建设、标准化的智能资源服务平台的体系建设和标准化体系应用指南等一系列的保障标准体系措施的建设所保证，是一套与供应链、产业链、价值链高度融合的，在当代具有空前完整性、完善性、系统性的工程管理科学技术体系；主体标准体系是腐蚀控制工程全生命周期标准化体系的主体，保障标准体系是确保标准化体系建设的科学性、实用性、时效性和有效性运转的前提和保证；二者相互促进，共同开创腐蚀控制工程全生命周期标准化体系的科学发展和实施，以期全面控制腐蚀给人类造成的各种灾害。

（5）有志从事于本行业的仁人志士一定能够大展宏图、大有可为、大有作为！秉持矢志不渝、与时俱进的精神、革故鼎新的勇气、坚韧不拔的定力，面向世界科技前沿、面向经济主战场、面向国家重大需求、面向人民生命健康，把握大势、抢占先机，直面问题、迎难而上，肩负起时代赋予的重任，一定能够实现高水平的腐蚀控制工程全生命周期标准化体系的建设和实施！一定能够为人类美丽家园地球村的建设，铸起高质量发展的绿色腐蚀控制屏障的铜墙铁壁和钢铁长城！

附件二：腐蚀控制工程全生命周期标准化体系的建设规划

腐蚀控制工程全生命周期标准化体系建设规划的内容主要包括主体标准体系的建设和保障标准体系的建设规划（见图1）。因为所要制定的标准必须要具备科学性、实用性、时效性、有效性，这就必然要有一系列的保障体系的建设措施所保证！

主体标准体系的建设包括主体标准体系框架的构建，重点领域的确定及关键技术标准研制；保障标准体系的建设包括标准化的管理体系建设、标准化运作的体系建设、标准化运作监督的体系建设、标准化智能数据化的体系建设、标准化人才培养的体系建设、标准化的智能资源服务平台的体系建设和标准化体系应用指南。

1. 腐蚀控制工程全生命周期主体标准体系的科学建设

主体标准体系的框架（图2）第一部分为主体标准体系的顶层标准，即腐蚀控制工程全生命周期通用要求的总主导标准和其腐蚀控制工程全生命周期的名词术语等的配套标准；第二部分为主体标准体系的中层大类标准，即输送、贮存易燃易爆、有毒有害、高温高压、低温深冷、辐射等有关人身健康和生命财产安全、国家安全和蓝天、碧水、净土生态环境安全经济运行的各有关领域的装置、设施，包括化工厂的装置、设施，海洋环境的风电装置、设施，管道领域，发电厂的装置、设施等分主导标准及其相应、相需的配套标准；第三部分为主体标准体系的中层大类相续延伸的中类、小类等的分主导标准及其相应、相需的配套标准，如管道相续延伸的中类、小类等长距离管网、市政管网、工艺管网等；发电厂相续延伸的中类、小类等火电厂、核电厂、水力发电厂、风力发电厂、光伏发电厂等。

2. 腐蚀控制工程全生命周期主体标准体系的保障标准体系的科学建设

1）腐蚀控制工程全生命周期标准化的管理体系科学建设

完善腐蚀控制工程全生命周期标准管理的全过程，形成标准制定、标准实施、标准更新的科学管理机制。

2）腐蚀控制工程全生命周期标准化运作体系的科学建设

腐蚀控制工程全生命周期标准化运作体系，如图 3 所示。在实施运作的过程中要秉持科学控制理念，精准以情施策，强化专业技术监理，适时开展风险评估，大数据智能化运作，杜绝腐蚀危害。

对制定出的腐蚀控制工程全生命周期的控制要求或规定的标准在实施过程中按以下步骤：首先应以各因素为对象，在符合各因素相应要求中，初步协调、优选出各因素要求的最好的对象或项目（这里的对象或项目就是从全人类已经研制出的存量和新研制出的优质增量的所有科研成果及专业技术标准中优化出来的）；经横向协调优化，进而再进行全局性、整体性、综合性的协调优化，这样利用数字经济经多次反复协调优化形成出最终的最佳方案。最佳方案要达到：使全过程链条上的模块与模块、环节与环节、节点与节点、因素与因素、局部与全局等在相互交织中达到相互支撑、相互协调、相互优化等。这样，按总主导标准腐蚀控制工程全生命周期通用要求或分主导标准，优选具体标准规定精准以情施策，标准实施过程中施加专业技术的第三方监理监督，经风险评估进一步优化完善标准及其实施步骤，形成从标准本身到标准实施到优化完善的完整闭环。

3）腐蚀控制工程全生命周期标准化运作监督体系的科学建设

腐蚀控制工程全生命周期标准化运作监督体系建设主要包括腐蚀控制工程全生命周期专业技术监理和风险评估两部分。

4）腐蚀控制工程全生命周期标准化人才培养体系的科学建设

（1）研究制定腐蚀控制工程全生命周期领域的标准化人才培养和培训方案，逐步建立人才培养机制，开展人才培养试点工作。

（2）逐步探索建立初级、中级、高级、大师资格的腐蚀控制工程师培养体系，培养腐蚀控制工程师队伍。

5）腐蚀控制工程全生命周期标准化智能数据化体系的科学建设

6）腐蚀控制工程全生命周期标准化的智能资源服务平台体系的科学建设

智能资源服务平台体系建设包括技术方案资源服务平台建设（见图 6）

和经营方案资源服务平台建设（见图7）。主要服务内容包括：标准信息集成检索、热点领域信息门户、信息定制服务、知识服务、标准文献咨询服务等。平台提供线上静态信息支持和动态、及时的综合专家咨询和科研攻关支持服务，为科技成果转化、产业化提供支撑，加速科技成果转化为标准。

首先，要建立腐蚀控制工程全生命周期的数据库（图4），将腐蚀控制工程全生命周期链条上所有因素按照相应标准要求集当代全球腐蚀控制领域中的所有相关的专业科技成果、专业技术、专业管理、专业标准等形成相应的各因素的数据库。各因素数据库中需要收集的具体数据如图5所示。然后以腐蚀控制工程全生命周期数据库为基础，按照整体性、系统性、相互协调优化性、全面综合程序性的原则开展智能化的统筹协调各因素数据库内、库间以及全局间的相应成果资源的优化配置出抗拒相应的腐蚀源，并确保人身健康和生命财产安全、国家安全和生态环境安全的经济运行的前提下，谋求经济、长周期和绿色环保的最佳效益为目标的智能资源服务平台体系。

7）腐蚀控制工程全生命周期标准化体系应用指南

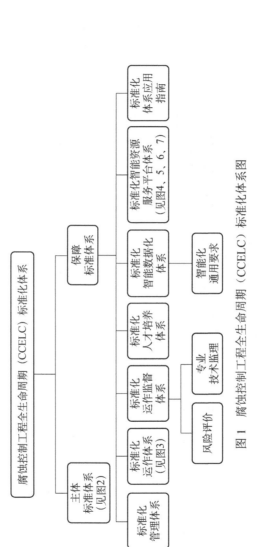

图 1　腐蚀控制工程全生命周期（CCELC）标准化体系图

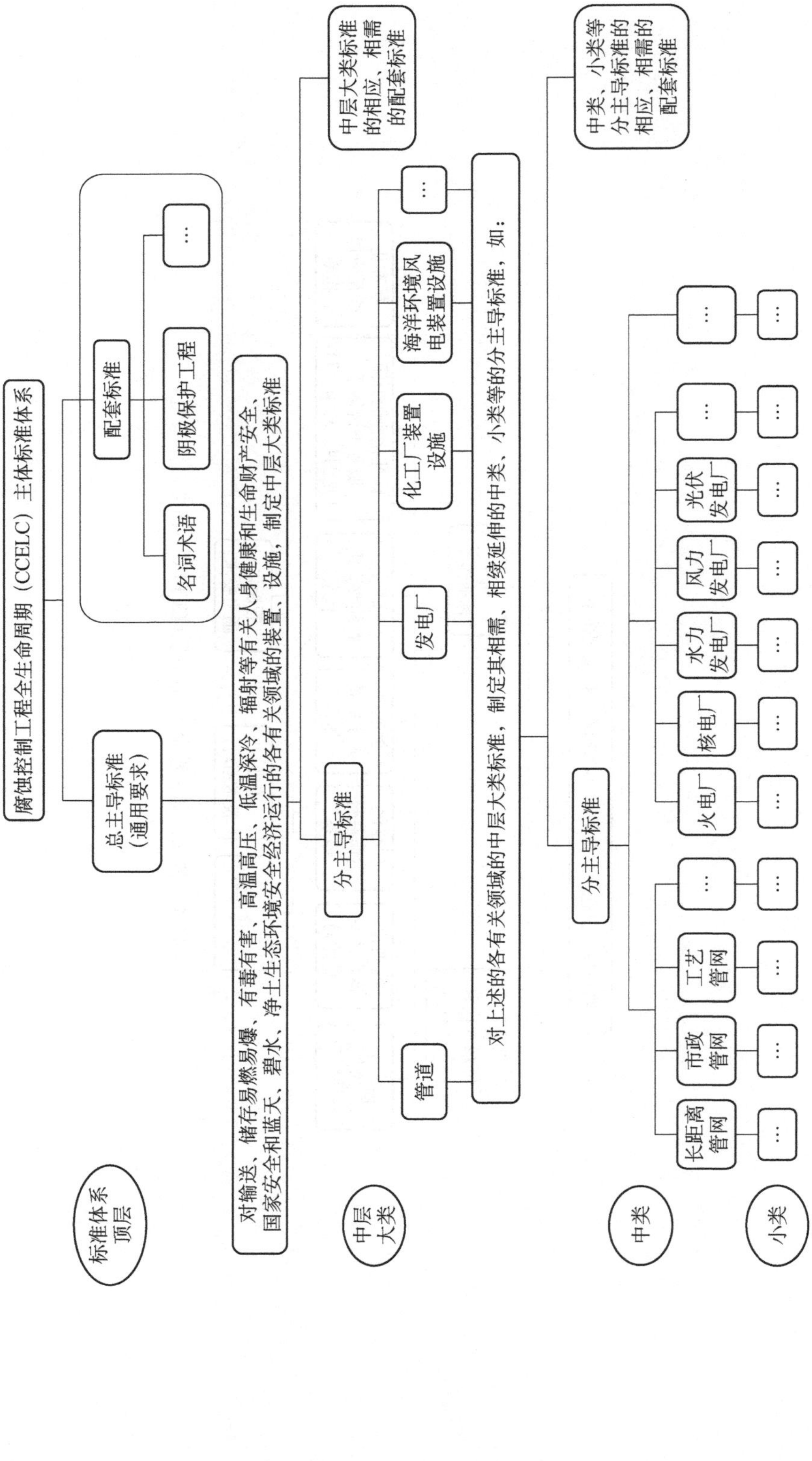

图2　腐蚀控制工程全生命周期主体标准体系图

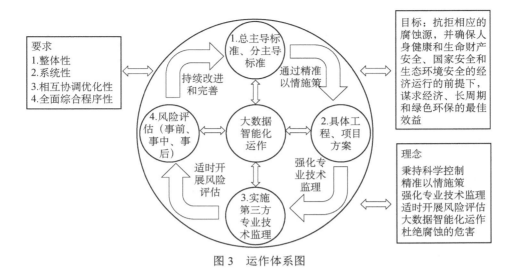

图 3　运作体系图

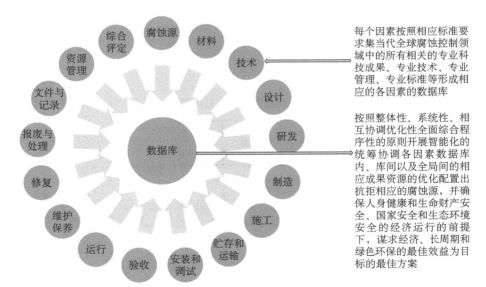

图 4　腐蚀控制工程全生命周期数据库的建立及其最佳方案的制定

　　如图 5 所示，重点从技术角度解释了图 4 数据库中各因素数据库需要收集的具体数据有哪些。

　　以图 4、图 5 形成的数据库为基础，图 6 展示了在某一具体工程中，如何用智能化的手段去实施操作获得腐蚀控制工程的最佳技术方案（技术方案是从技术的角度出发，不包含企业单位等因素）。

1.腐蚀源 * 直接腐蚀源 * 间接腐蚀源 * 工况条件 * 其他	2.材料 * 集腐蚀控制材料研究和实践之大成 * 集材料科研成果之大成 * 集材料标准之大成	3.技术 * 集腐蚀控制技术之大成 * 集技术标准之大成	4.设计 * 腐蚀控制设计集合 * 设计标准集合	5. 研发 * 腐蚀控制研发成果集合	
6.制造 * 腐蚀控制制造集合 * 制造标准集合	7.施工 * 腐蚀控制施工方案集合 * 施工标准集合	8.贮存和运输 * 腐蚀控制的贮存和运输集合 * 贮存和运输标准集合	9.安装和调试 * 腐蚀控制安装和调试集合 * 安装和调试标准集合	10. 验收 * 验收标准集合	数 据 库
11.运行 * 运行过程管理方案集合 * 有关运行的标准集合	12.维护保养 * 腐蚀控制维护保养集合 * 维护保养标准集合	13.修复 * 腐蚀控制修复方法集合 * 修复标准集合	14.报废与处理 * 腐蚀控制报废与处理集合 * 报废与处理标准集合	15. 文件与记录 * 文件与记录信息化 * 文件与记录管理数字化 * 快速检索	
16.资源管理 * 有关人员资质、工艺工装、检测设备和作业场所等的标准集合	17.综合评定 * 决策支持综合评定的标准集合				

图 5　腐蚀控制工程全生命周期数据库

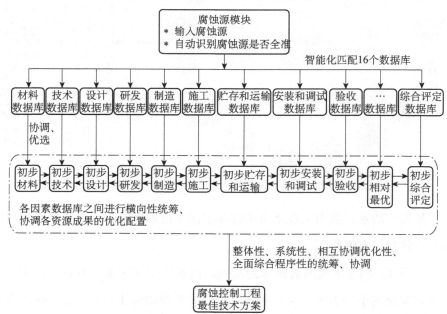

图 6　技术方案资源服务平台运作图

　　以图 4 的腐蚀控制工程全生命周期数据库为基础，将符合各因素数据库模块要求的相关单位、企业注册其中，通过智能化运作，相互协调优选出适合各因素要求的最佳单位、企业，从而建立起腐蚀控制工程全生命周期智能化经营方案资源服务平台，如图 7 所示，形成腐蚀控制的最终经营方案（经营方案是在技术方案的基础上把企业单位也纳入方案里面，能够真正地去实施和落实的方案）。

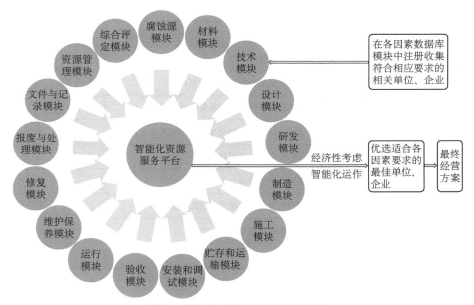

图 7　智能化资源服务平台运作图

附件三：拟制定的标准汇总表

序号	中文名称
1	腐蚀控制工程全生命周期智能化通用要求
2	输变电设备腐蚀控制工程全生命周期通用要求
3	腐蚀控制工程全生命周期标准化体系应用指南
4	外加电流阴极保护智能化工程全生命周期通用要求
5	腐蚀控制工程全生命周期　术语
6	阴极保护工程全生命周期通用要求
7	腐蚀控制全生命周期工程专业技术监理
8	耐蚀矿脂复合钢铁构筑物工程全生命周期通用要求
9	海洋环境风电装置、设施腐蚀控制工程生命周期通用要求
10	海洋环境风电装置、设施腐蚀控制工程全生命周期智能化通用要求
11	油气井管道腐蚀控制全生命周期　通用要求
12	烟气脱硫装置、设施腐蚀控制工程全生命周期通用要求
13	海洋油气开发装备腐蚀控制工程全生命周期通用要求
14	核电厂腐蚀控制工程全生命周期通用要求
15	化工厂装置、设施腐蚀控制工程全生命周期通用要求
16	不透性石墨设备腐蚀控制工程全生命周期要求
17	聚乙烯（PE）埋地燃气管道腐蚀控制工程全生命周期要求
18	从事阴极保护全生命周期工程的人员及单位水平评价
19	超临界水氧化工艺装置腐蚀控制工程全生命周期通用要求
20	城市轨道交通腐蚀控制工程全生命周期要求
21	钢筋混凝土腐蚀控制工程全生命周期通用要求
22	耐蚀复合技术规范
23	电力系统装置、设施腐蚀控制工程全生命周期通用要求
24	腐蚀控制工程全生命周期　腐蚀源确认导则
25	腐蚀控制工程全生命周期　材料选用导则
26	腐蚀控制工程全生命周期　设计导则
27	腐蚀控制工程全生命周期　产品研发导则

续表

序号	中文名称
28	腐蚀控制工程全生命周期　产品制造导则
29	腐蚀控制工程全生命周期　施工导则
30	腐蚀控制工程全生命周期　贮存和运输导则
31	腐蚀控制工程全生命周期　调试导则
32	腐蚀控制工程全生命周期　运行导则
33	腐蚀控制工程全生命周期　检测导则
34	腐蚀控制工程全生命周期　维护保养导则
35	腐蚀控制工程全生命周期　修复导则
36	腐蚀控制工程全生命周期　报废处理导则
37	腐蚀控制工程全生命周期　文件记录导则
38	腐蚀控制工程全生命周期　资源管理导则
39	腐蚀控制工程全生命周期　综合评定导则
40	输电线路铁塔腐蚀控制工程全生命周期技术要求
41	火电厂烟囱腐蚀控制工程全生命周期通用要求
42	火电厂发电机组腐蚀控制工程全生命周期通用要求
43	火电厂湿法脱硫系统腐蚀控制工程全生命周期通用要求
44	火电厂凝结水精处理系统腐蚀控制工程全生命周期通用要求
45	火电厂锅炉循环冷却水处理系统腐蚀控制工程全生命周期通用要求
46	火电厂化学水处理装置、设施腐蚀控制工程全生命周期通用要求
47	核电厂海水管道腐蚀控制工程全生命周期通用要求
48	核电厂管道腐蚀控制工程全生命周期通用要求
49	核电厂消防管道腐蚀控制工程全生命周期通用要求
50	核电厂埋地管道腐蚀控制工程全生命周期通用要求
51	核电站海水管道阴极保护技术规范
52	水电站装置、设施腐蚀控制工程全生命周期通用要求
53	沿海电厂钢结构装置、设施腐蚀控制工程全生命周期通用要求
54	海底油气管道腐蚀控制工程全生命周期通用要求

续表

序号	中文名称
55	油气长输管道腐蚀控制工程全生命周期通用要求
56	油田管道腐蚀控制工程全生命周期通用要求
57	天然气站场管道腐蚀控制工程全生命周期通用要求
58	石化炼油装置腐蚀控制工程全生命周期通用要求
59	石化装置中管道腐蚀控制工程全生命周期通用要求
60	城镇燃气管道腐蚀控制工程全生命周期通用要求
61	供水管网腐蚀控制工程全生命周期通用要求
62	城镇埋地排水管道腐蚀控制工程全生命周期通用要求
63	混凝土排水管道腐蚀控制工程全生命周期通用要求
64	近海桥梁腐蚀控制工程全生命周期通用要求
65	垃圾焚烧发电锅炉腐蚀控制工程全生命周期通用要求
66	海洋桥梁钢箱梁智能涂装及验收技术规范
67	海上风电塔筒智能涂装及验收技术规范
68	输变电装置、设施腐蚀控制工程全生命周期标准化体系

ISO/TC156/SC1 第五次年会决议 ISO/TC156/SC1 决议 2021-03

ISO/TC156/SC1 通过了中国代表团做的"加快腐蚀控制工程全生命周期标准化体系建设及其相应标准制定工作"报告。

附六　第六次会议主题报告

国际腐蚀控制工程全生命周期标准化技术委员会（ISO/TC156/SC1）自2016年成立至今已六年，从策划筹建算已经十年，认真回顾、总结这一路走来的历程，凝聚共识，展望未来，携手共创腐蚀控制新纪元，创办腐蚀控制工程全生命周期学新学科，引领国际腐蚀控制业的大发展，有着十分重要的意义！

在这一过程中，中国专家组同世界各国专家一起交流，追求对腐蚀斗争的深刻认识，共同探讨从根本上全面解决腐蚀问题的最佳有效对策，深感荣幸，收益颇丰，中国专家组更加坚信，共同的事业将各国的精英专家共同汇聚在与腐蚀斗争的同一个战线上，必将会创造出更大的辉煌！在此，中国专家组特向各成员国的专家表示由衷的感谢！

一、对"国际腐蚀控制工程全生命周期标准化技术委员会"和腐蚀的认识及解析

人类同腐蚀的斗争实际上就是一场长期的战争！既然是一场长期的战争，那么，中国的《孙子兵法》中就有"知己知彼，百战不殆；不知彼而知己，一胜一负；不知彼，不知己，每战必殆"，所以首先必须要对腐蚀和腐蚀的控制有一个深入的认识和清楚的解析。"腐蚀控制工程全生命周期"这一新领域国际标准化的提出，完全是在纵观历史、横看世界，反复、深刻对腐蚀的本质、特征、属性的认识、解析、洞察并通过人类长期同腐蚀斗争所付出重大代价和血的教训的全民总结的基础上而产生的。

1. 腐蚀的本质究竟是什么？

腐蚀的本质是物质（包括金属和非金属）与环境相互作用而失去其原有性能变化的过程［这里的"环境"就是导致物质（包括金属和非金属）原有性能变化过程的要素，要素得到控制，腐蚀问题就能得到解决，但要素多而且多数又是动态的，那就要进行集成，要集成就是一个工程］。而工程的概念是工程要素的集成过程，这种集成方式和过程是工程与科学及技术相区别

的一个本质特点。工程离不开科学和技术，科学的任务是"是什么""为什么"，技术的任务是"做什么""怎么做"，工程就是"做出了什么"。科学是技术和工程的理论基础，工程是科学的实践，技术是工程实施过程的实践。工程是根据自然界的规律和人类的需求规律创造一个自然界原本并不存在的人工事物，所以，工程的系统性不同于自然事物的系统性，它是包含了自然、科学、技术、社会、政治、经济、文化等诸多因素。工程系统是在自然事物的复杂性基础上加上了社会和人文的复杂性的三个复杂性的复合。综上所述，腐蚀可以说是一个工程，是一个自然界原本存在的一个复杂性的工程，而腐蚀控制工程就是针对自然界原本存在复杂性的腐蚀工程加上复杂性的社会和复杂性的人文进行控制的复合性的工程！工程不仅集成"技术"要素，还集成"非技术要素"，是技术与社会经济、文化、政治及环境等因素综合集成的产物。工程的成功与失败不仅仅是技术问题就能决定的，甚至更多的时候取决于非技术因素。这就告诉人们自然界原本存在的复杂性的腐蚀本身就是一个工程，而且始终存在着自然而然地进行着隐蔽性、渐进性变化的过程，要从根本上全面解决腐蚀问题，首先就要将腐蚀视为一个具有隐蔽性、渐进性自然而然地变化的过程的工程为对象进行定位，进而才能有针对性地、精准地开展研发和标准的制定。

2. 腐蚀的特征究竟是什么？

腐蚀的特征就是极具普遍性的存在，这里所说的极具就是说，腐蚀充满了整个地球村、没有不腐蚀的地方，凡是有腐蚀的地方，必然有被腐蚀的物质所存在，这就表明腐蚀绝对不可能是独立存在的，其永远是伴随着任何物质的存在而存在、产生而产生、消除而消除，即使一个点、一个针眼同样如此！蚁穴溃堤，一个针眼上的腐蚀都有可能造成灾难大祸，所以，整个地球村始终都处于被腐蚀的危害之中，仅只是腐蚀程度、危害的程度不同而已，因为引起腐蚀的物质与环境相互作用的程度不同、因素不同，即是一个点、一条线、一个面、一个体上被腐蚀物质与环境相互作用的程度也不同、因素也不同！因此，对腐蚀的极具普遍性必须要有一个深刻清醒的识别，识别准、识别清、识别全，这是从根本上全面解决腐蚀问题的一个极为重要的识别存在位置的问题。

3. 腐蚀的属性究竟是什么？

腐蚀的属性就是极具隐蔽性、渐进性的吞噬、突发性的破坏，而且又始终存在着极具风险性的人身伤亡、环境污染等重大事故发生的隐患。对此，作为从事腐蚀控制的仁人志士需要有冷静、清醒、深入的思考。这里所说的极具隐蔽性就是说"明枪易躲，暗箭难防"，那么解决极具隐蔽性腐蚀的"暗箭难防"的难度要比解决"明枪易躲"如装置、设施明面上的几何尺寸大小、结构、强度、硬度等难度要大得多、困难得多，这是第一难；第二难就是要解决犹如"钝刀割肉，文火煎心"的极具渐进性吞噬的属性；还有始终存在着不规律、不恒量属性的第三难；同时，造成腐蚀的因素多数又是动态的，这是第四难；不仅如此，始终还存在着极具风险性的人身伤亡、环境污染等重大事故发生隐患的第五难！你不时刻倍加警惕能行吗！这是从根本上全面解决腐蚀问题的第三个极为必需深入思考清楚的问题。

4. 造成腐蚀的各种因素究竟又有哪些？

造成腐蚀的各种因素是相当复杂且几乎又都是无规律、无恒量、无定位地动态变化之中，而腐蚀的本质、特性，既是隐蔽性又是渐进性吞噬、突发性破坏的过程，当然，造成的因素必然同样具有这些特征，既有直接因素、间接因素，又有环境工况条件因素等，这些因素又往往处于相对变化动态之中！这是从根本上全面解决腐蚀问题的供应链、产业链、价值链高度融合的极为关键的问题，必须准、全、清地解析透彻！

5. 为什么中美两国联合提案被 ISO/TMB75/2016 号决议批准成立的"国际腐蚀控制工程全生命周期标准化技术委员会"具有划时代里程碑的重大的历史意义？

腐蚀充满了整个世界，世界没有不腐蚀的地方，凡是有腐蚀的地方，必然有被腐蚀的物质存在，所以对腐蚀的斗争必须要站在全世界的高度，以世界性的共同事业为重任进行国际性的交流、探讨、合作，开展腐蚀的控制，这就是国际性的含义。腐蚀的控制不仅仅是单一性的技术、技术标准，现实血的教训已经多次给人类敲响了警钟！我们从中已深刻地认识到"腐蚀控制完全是一个工程"。工程的概念就是工程要素的集成过程，包括技术要素与非技术要素，是技术要素与非技术要素的统一体，两类要素相互作用、相互制约，其中技术要素构成了工程的内核，非技术要素构成了工程的保证。工程的成功与失败也不仅仅是技术问题就能决定的，甚至更多的时候取决于非技术因素。这就是腐蚀控制工程概念的来源，这在中美联合提案中就已表述。而全生命周期仅仅是对腐蚀控制过程的寿命长、短，阶段、界限，目标的定位。而这里全生命周期是指像人的生命"从摇篮到坟墓"整个的一个全过程的目标进行控制而已。

在此，不妨对"国际腐蚀控制工程全生命周期标准化技术委员会"的职责、范围，再进行一次比较详细的表述：以腐蚀控制工程全生命周期为对象，立足于全球腐蚀控制工程全生命周期领域全局的高度，集当代全世界腐蚀控制领域中积累的所有相关的专业科学、专业技术、专业管理、专业标准、专业研发及其实践等科技因素与非科技因素资源之大成，对影响其抗拒相应的腐蚀源，确保人身健康和生命财产安全、国家安全和生态环境安全经济运行的基础上，谋求经济、长周期和绿色环保的最佳效益为目标的腐蚀控制工程全生命周期全过程链条上的所有因素的资源，开展其因素内、因素间及其全局间的资源的优化配置，实施统筹、协调性的总揽，制定出一套具有整体性、系统性、相互协调优化性、相互交织、相互支撑，同时对每一个环节资源的配置、每一个节点资源的配置及其相互协调优化资源的配置等都须有相应的第三者的监督、认可、认定的资源管理链、高效运行安全链、生态环境绿色链，高度融合的全面综合程序性的国际腐蚀控制工程全生命周期所有相关的相应标准。制定这些标准就是为了确保一方面铸就一个高质量的腐蚀控制的防护之盾的全生命周期工程，被动地有效抗拒一切来犯之腐蚀，另一方面铸就一个高质量的如阴极保护工程等的锋利之矛的全生命周期工程，主动地将一切来犯之腐蚀有效控制于被保护的物质之外，抗拒无效、保护无效时，随时报警、启动预案，实现最大限度减少普遍性、隐蔽性、渐进性吞噬、破坏的腐蚀给人类社会造成的各种危害，避免或杜绝造成重大安全、环保事故的发生，实现最佳效益。这里所铸就的被动抗拒工程和主动保护工程都是集成现有 TC 有关腐蚀方面的技术要素和有关非腐蚀技术方面的所有有关要素的过程。所以"国际腐蚀控制工程全生命周期标准化技术委员会"正像以色列国所表达的"是对该领域协调性的总揽，研究制定国际标准，建立共同语言"，绝对不可能与现有 TC 出现重叠，更没有任何 TC 所能包含。更重要的是在人类长期同腐蚀的斗争中，逐渐形成了多行业、多专业、分散性、单一性、局域性的专业技术、专业标准等，在此基础上，中美两国提出了成立整体性、系统性、相互协调优化性、全局统一性的"国际腐蚀控制工程全生命周期标准化技术委员会"，向腐蚀进行现代智能化的科学斗争！为国际 ISO 技术管理局所管辖的全世界腐蚀控制领域不仅补填了一个极为重大的空白，而且补了一个极为重大的短板，极具有划时代里程碑的重大历史意义！使人类对腐蚀的认识上不仅完全有了一个完整性、系统性、统一性的重大飞跃，而且从组织结构上也有了一个完整性、系统性、统一性的应对保证，从而使人类从根本上全面解决腐蚀问题进入了一个新的时代，开创了人类同腐蚀全面斗争的新纪元！它的提出完全是在反复、深刻对腐蚀的本质、特征、属性认识、解析、洞察、总结的前提下，通过人类长期同腐蚀斗争所付出重大的代价和血的教训而产生的。因此，"腐蚀控制工程全生命周期"完全是一个独立的新领域，并不与已有的技术委员会领域交叉、重复。也正如世界各国专家所发表的意见所验证：

（1）美国 NACE 专家开始所表达的"我们花了一些时间复阅了提案"，"此提案的确展示了很好的意图，并且意义深远和值得思考，然而，这个标准的范围非常复杂，要在此领域完成工作将很困难且极具挑战，尽管 NACE 可能支持这一尝试，但 NACE 技术活动部门需要考虑清楚，如何能获得其技术委员会志愿会员的支持"。

（2）加拿大认为：发展该标准将促进最佳实践，更好地提升管理基础设施的能力，减少影响环境和增加成本的灾难性事故发生。

（3）印度认为：腐蚀引起的破坏是多种多样的，腐蚀控制工程生命周期的标准化将是一个了不起的主动解决问题的途径。

（4）波兰认为：目前 ISO 没有一个 TC 是和腐蚀控制工程生命周期标准重叠，腐蚀控制是一个跨学科和综合性的工程技术，ISO/TC 156、ISO/TC 35 或 ISO/TC 107 并不能覆盖它。我们认为产品生命周期的标准化具有市场需求。

（5）荷兰认为：生命周期评价（LCA）标准目前不包含在任何 TC 中，但越来越重要。这是一个对现有 ISO TC 很好的补充，它不与 ISO/TC 156 形成竞争。

（6）新加坡：这个提案很重要，关系到工作场所的安全。事实上，该主题不只是一个技术问题，也是一个管理（问责）的问题，可能有法律方面的（例如索赔）问题。采取全面的方法建立产品从生到死的标准，这是一个很好的主题。

（7）斯洛伐克认为：我们认为该提案具有重大意义。

（8）日本 JISC 认为：这样的标准化活动很有趣，但对我们而言也的确很难看到实现的技术可行性。因此，这一提案对于国际标准化来说有点太超前了。

（9）以色列认为：新的技术委员会将能够在该领域带来一个协调性的总揽，研究制定国际标准，建立共同语言。

（10）原持反对票英国专家（英国皇家工程院院士、大不列颠帝国勋章获得者、英国国家物理实验室 Alan Turnbull 博士）认为：来开会前我们对提案有疑虑，现在觉得提案非常有意义，认为腐蚀控制工程全生命周期是一门新的学科，英国将尽快由 O 国转为 P 国，参与标准制定。会下同我们交流讨论中又一再强调"确实有其重大深远意义，可以说开创了 一门新的学科"。在这次会议上，法国同样提出将尽快由 O 国转为 P 国，德国会前即变为了 P 国，参与标准的制定！实现了反对票的清零！

（11）美国国家标准学会认为：作为更进一步具体需求的基础标准，腐蚀控制工程生命周期将是最通用的指导和最好的实践，有效的腐蚀控制程序将提高环境的可持续性、安全性并减少灾难性事故的发生。

二、凝聚共识，全面开展腐蚀控制工程全生命周期标准化体系的建设和实施

腐蚀控制完全是一项非常隐蔽性、渐进性、复杂性的工程，只有对腐蚀的本质、特征、基本属性有了深刻、全面、透彻、清醒的洞察、认识，也就是对上述的定位等问题能够全面剖析认识清楚，解决什么问题的导向就明确了！针对问题的导向，就可以制定出全面、系统、整体控制这些隐蔽性、渐进性、复杂性工程因素的有效对策和方案。纵观历史、横看世界，人类同腐蚀的斗争概括起来总的来说就是两种对策和方案：一种就是全面建设被动性的有效抗拒腐蚀控制工程全生命周期腐蚀高质量的屏障工程；另一种就是全面建设主动性的有效将腐蚀控制工程全生命周期的腐蚀控制于被保护物质之外的阴极保护工程。

1. 对被动性有效抗拒腐蚀控制工程全生命周期的腐蚀的高质量屏障工程的认识、解析

就是要铸就高质量铜墙铁壁的腐蚀控制工程的坚固之盾，最大限度地有效抗拒一切来犯之腐蚀，当出现抗拒无效时，即通过随机运行的监督检测，及时报警，启动预案。

2. 对主动性的有效将腐蚀控制工程全生命周期的腐蚀控制于被保护物质之外的如阴极保护工程等的认识、解析

就是要铸就高质量的如阴极保护工程等主动控制腐蚀于被保护的物质之外的锋利之矛，有效控制腐蚀于被保护物质之外，当控制无效时，同样将及时报警，及时启动预案。

3. 为贯彻实施建设两种控制腐蚀工程，绘就"国际腐蚀控制工程全生命周期标准化体系建设、运行及智能化应用"的宏伟规划蓝图，是当代国际从根本上全面解决腐蚀问题的最佳对策和方案

全面绘就"国际腐蚀控制工程全生命周期标准化体系建设、运行及智能化应用"的宏伟规划蓝图，是在第五次全会上充分肯定的"全面开展腐蚀控制工程全生命周期标准化体系的建设和实施"的基础上进一步修改完善而产

生的。

（1）目的

为了从根本上全面解决腐蚀问题，最大限度减少普遍性、隐蔽性、渐进性吞噬、破坏的腐蚀给人类社会造成的各种危害，避免或杜绝重大安全、环保事故的发生，实现最佳效益！特制订该体系。

国际腐蚀控制工程全生命周期标准化体系不仅制定了国际腐蚀控制工程全生命周期的主体标准体系，而且为确保主体标准体系始终能持续发挥其科学性、适用性、时效性和有效性应有作用，同时又制定了相应的保障标准体系；主体标准体系是国际腐蚀控制工程全生命周期标准化体系中的主体，其保障标准体系是确保主体标准化体系能够持续实现科学性、适用性、时效性和有效性运转实施的前提和保证，二者相互协调、相互支撑、相互促进。

（2）腐蚀控制工程全生命周期标准化体系的主体标准化体系

为能最大限度减少普遍性、隐蔽性、渐进性吞噬、破坏的腐蚀给人类社会造成的各种危害、避免或杜绝造成重大安全、环保事故的发生，实现最佳效益，宜制定具有科学性、适用性、时效性和有效性的腐蚀控制工程全生命周期标准化体系的主体标准化体系，为具体实施提供可靠的技术支撑和依据。该体系的制定宜立足于全球腐蚀控制工程全生命周期领域全局的高度，集当代全世界腐蚀控制领域中千百年来积累的所有相关的具有单一性、针对性，而又分散于1381个行业中的专业科学、专业技术、专业管理、专业标准及研发和实践等成果资源之大成，以腐蚀控制工程全生命周期为对象，对影响其腐蚀控制工程全生命周期实现抗拒相应的腐蚀源、确保人身健康和生命财产安全、国家安全和生态环境安全的经济运行的基础上，谋求经济、长周期和绿色环保的最佳效益为目标的全过程链条上的所有相关因素，开展其因素内、因素间及其全局间因素资源的相互优化配置，通过统筹、协调性的总揽，实施其相应资源的优化配置。

（3）腐蚀控制工程全生命周期标准化体系的保障标准化体系

为确保能够持续发挥具有科学性、适用性、时效性和有效性的国际腐蚀控制工程全生命周期主体标准化体系的作用，特制定腐蚀控制工程全生命周期标准化体系的保障标准化体系。

（4）腐蚀控制工程全生命周期标准化体系实施综合复合性运转体系

为使主体标准化体系中的主体标准能够持续发挥其科学性、适用性、时效性和有效性，从根本上最大限度减少普遍性、隐蔽性、渐进性吞噬、破坏的腐蚀给人类社会造成的各种危害，避免或杜绝造成重大安全、环保事故的发生，实现最佳效益，宜对主体标准化体系中的主体标准和相应保障标准化体系中每一项保障标准所含的所有子因素的资源，先后通过腐蚀控制工程鱼骨图、腐蚀控制工程 PDCA 循环、腐蚀控制工程整体螺旋图、相互之间对应的关系图综合复合性的运转，求得所有子因素资源在确保主体标准能够始终持续发挥其科学性、适用性、时效性和有效性目标的前提下，都能够始终持续保持最佳状态，进而通过实施综合复合性运转体系运转，最终制定出以抗拒相应的腐蚀源，确保人身健康和生命财产安全、国家安全和生态环境安全经济运行的基础上，谋求经济、长周期和绿色环保最佳效益的国际腐蚀控制工程全生命周期标准化体系！

（5）建立国际腐蚀控制工程全生命周期体系数据库

对最终制定的国际腐蚀控制工程全生命周期标准化体系，充分应用智能化、数字经济现代化的信息技术，建立国际腐蚀控制工程全生命周期体系数据库。

（6）腐蚀控制工程全生命周期资源智能化运作体系

依据国际腐蚀控制工程全生命周期体系数据库，充分应用现代互联网、物联网技术，按照腐蚀控制工程全生命周期资源智能化运作体系，根据某工程的具体要求制定出一套最佳技术方案。

（7）国际腐蚀控制工程全生命周期智能化全面服务平台体系

在国际腐蚀控制工程全生命周期体系数据库的基础上对符合各因素数据库要求的相关单位、企业、相应相对报价等进行全面登记注册，形成供给侧的数据库。同样应用现代化的互联网、物联网、数字经济等技术，根据某一具体腐蚀控制工程做出最终最佳供给侧的全面服务、报价方案！

三、开创腐蚀控制新纪元，创办腐蚀控制工程全生命周期学新学科

腐蚀控制工程全生命周期理论从提出到经十年来各方面的碰撞、博弈、实践的验证，国际腐蚀控制工程全生命周期标准化技术委员会的被批准成立、三项国际标准的颁布实施，以及"国际腐蚀控制工程全生命周期标准化体系建设、运行及智能化应用"规划初稿的完成等，充分表明了来源于实践而总结上升为腐蚀控制工程全生命周期的理论，反过来又被证明是能够切实指导实践的腐蚀控制工程全生命周期的理论，可以说是颠扑不破的真正有价值的理论！既然是有价值的理论，而且又是安全、美丽地球村建设的急需，那就要"多少事，从来急；天地转，光阴迫。一万年太久，只争朝夕。"进行宣传、推广、普及！为此，呼吁社会、政府应给予政策、人力、物力、财力等方面的支持、扶持！创办腐蚀控制工程全生命周期学新学科，开辟专业人才的培育！

四、总结和建议

人类同腐蚀的斗争，首先基于对生活、生产及其环境等方面的现实腐蚀问题的急需解决的需求，通过不断求索认识，创新研发，到目前已积累了一系列具有单一性、局域性、分散性、"一物降一物"的专业技术、标准等腐蚀控制科技成果的丰厚宝贵资源，对控制腐蚀、减少给人类造成的各种危害发挥了极为重大的作用！但是，一些因腐蚀造成的重大的人身伤亡、财产损失、环境污染等事故还在不断发生！为此，我们对这些事故进行了全面、深入的调查，反复进行了解析、论证、总结，结论是问题并不是出在上述这些腐蚀控制科技成果资源的本身，而是在应用这些资源开展腐蚀控制的过程中还缺少应有因素的控制，已有的因素也没有完全得到应有的控制等！为此，我们于 2012 年郑重地、创造性地提出了腐蚀控制工程全生命周期的理论，并从标准入手联合美国提出成立国际腐蚀控制工程全生命周期新 TC 联合提案（ISO/TS/P254），经过一次全体成员投票和一次 TMB 投票，并最终经 TMB 会议形成了 ISO/TMB75/2016 号决议"要求 ISO/TC156 向 TMB 提交一

项修改其范围的提案，使其能够包含 ISO/TS/P254 提出的新的技术领域；进一步要求 ISO/TC156 建立一个新的分技术委员会开展新领域的工作"，而 TC156 提交修改后的范围是"金属和合金的腐蚀的标准化，包括腐蚀测试方法、防腐蚀方法和腐蚀控制工程全生命周期。ISO 内部这些领域活动的总协调"。这显然是不符合决议的第一个要求的，绝对是包含不了"TS/P254 提出的新技术领域"，即使这样，也是 ISO/TC156 秘书处不得已而为之，因为事前我们同其秘书处的工作人员多次进行过交流与沟通，一致认为新提案不仅与 TC156 没有重复与冲突，而且还会与 TC156 形成良好有益的互动，同时还将交流与沟通的结果通报了 TC156 的成员国，希望如无不同的意见，请能支持该新提案 TC 的成立。鉴于决议的"进一步要求 ISO/TC156 建立一个新的分技术委员会开展新领域的工作"和 ISO/TC156 原瑞典主席 Goran Engstrom 与我们沟通时，第一次 172 个国家投票时他们投的是反对票，第二次 TMB15 个国家投票时投的是赞成票，并告知我们先作为 ISO/TC156 一个 WG，而后可考虑上升为 ISO/TC156 的 SC 或者上升为一个 TC 的要求有相似的一致性，所以，我们给予了理解、尊重和支持。ISO 批准正式成立了"国际腐蚀控制工程全生命周期标准化技术委员会（ISO/TC156/SC1）"。这一决议，一方面说明了国际上对于在"腐蚀控制工程全生命周期"这一领域开展国际标准化工作必要性的认可；另一方面，也说明部分成员专家对于"腐蚀控制工程全生命周期"这一全新的领域的认识和理解还有所保留，因此暂时先作为 TC156 的分技术委员会开展新领域的工作"。现在我们所制定并被批准颁发实施的三个标准的内容和每次年会持续完善的"国际腐蚀控制工程全生命周期标准化体系建设和实施规划"实际上完全没有被任何一个 TC 所覆盖！而且"国际腐蚀控制工程全生命周期标准化体系建设和实施规划"被第五次年会一致认为是"当代解决腐蚀给人类造成各种危害的最佳对策"，并建议在中国建设"国际腐蚀控制工程全生命周期标准化体系建设和实施"的国际示范基地！所以将其放在"金属和合金的腐蚀"下作为一个分技术委员会开展工作，是绝对不利或限制了这一领域国际标准化工作的开展。包括：

（1）限制了金属和合金腐蚀以外的专家的参与。在我们提出成立"腐蚀控制工程全生命周期"技术委员会的提案（ISO/TS/P254）中，我们明确界定了：腐蚀控制本身覆盖了许多细分市场和材料，包括金属和其他材料，例如混凝土和塑料等。因此 ISO/TS/P254 提案成立的腐蚀控制工程全生命周期标委会不但包括使用金属或针对金属的腐蚀控制工程，也包括使用非金属或针对非金属的腐蚀控制工程。在收到 ISO/TMB 的决议后筹备新 SC 成立的过程中，中美双方推荐的主席候选人 Michael MeLampy 即明确提出，对于将这一领域放入"金属和合金"下成立 SC 开展工作也感到困惑和担忧，他认为新领域显然并不属于"金属和合金"领域，而放在"金属和合金的腐蚀"下，肯定就会限制 TS/P254 提案工作的开展，并且造成其他成员国对于 TS/P254 真正工作范围的误解，影响今后委员会的参与度和推广。他表示，这种安排，他就没有资格担任主席，经我们一再解释 ISO/TMB75/2016 号决议并没有改变 TS/P254 的范围，他才同意。主席国（提案国）尚且如此，其他金属和合金以外的腐蚀专家就更会产生疑惑。

（2）对于标准范围的误解。近期，ISO 24239 火电厂腐蚀控制工程全生命周期　通用要求标准，于 2019 年 7 月 15 日立项，DIS 于 2021 年 11 月 26 日经 165 个成员国投票通过，总部于 2021 年 12 月 6 日提交修改后的 DIS！不到 2 年 5 个月时间，我们本来很高兴，比前 3 个颁发的标准制定的时间又提前了半年，说明我们对制定新领域标准的水平又有新的进步，但是，由于负责编辑的专家对成立本委员会的背景、范围不熟悉而产生了误会：因为是 ISO/TC156 的 SC1，须在火电厂腐蚀控制工程全生命周期通用要求前边添加金属和合金字头，而且提出原来已颁发实施的 3 个标准待修订时同样要加金属和合金字头等，这就完全违背了"国际腐蚀控制工程全生命周期标准化技术委员会"成立的初衷！

综上所述，我们衷心希望和要求 ISO/TMB 依据导则 1.5.2 规定，应尽快将"腐蚀控制全生命周期"由 SC 变更为 TC，独立开展工作，消除误解，吸纳更多的成员国、专家参与，更好地推动腐蚀控制工程全生命周期国际标准化工作。变更后，每年的年会我们会随 ISO/TC156 的年会同期而召开，充分发挥"金属和合金"方面的专家在本 TC 标准制定中的重要作用，以解决其来回差旅时间的不必要浪费。

最后，再次感谢六年来和我们共同推动腐蚀控制工程全生命周期国际标准化工作的各位专家同仁，由于你们的帮助和支持，才使我们能够全面绘就出了"国际腐蚀控制工程全生命周期标准化体系建设、运行及智能化应用"的宏伟规划蓝图，希望得到你们宝贵意见，以便进一步地持续改进、完善，使其更加具有科学性、适用性、时效性和有效性！目前，具有宏伟规划的蓝图已初步绘就，面临的任务十分艰巨而光荣伟大，中国古人说，日日行，不怕千万里；常常做，不怕千万事。只要我们携手同心、行而不辍，就一定能够汇聚起人类的聪明智慧，凝聚共识，在共创腐蚀控制新纪元，创办腐蚀控制工程全生命周期学新学科，引领国际腐蚀控制业大发展，为美丽、文明地球村家园的建设做出我们的贡献！

ISO/TC156/SC1 第六次年会决议 ISO/TC156/SC1 第 2022-02 号决议

ISO/TC156/SC1 同意中国所做的专题报告。

附七　第七次会议主题报告摘录

一、腐蚀给社会造成的各种危害和灾难，一直是人类面临的一项极为头疼的、具有国际性的、亟须从根本上全面解决的重大课题！其不仅普遍充满了整个世界，而且其破坏造成的经济损失占当年国内生产总值（GDP）的3%～5%。

腐蚀又是安全、环保生产的大敌。常因难以预测的腐蚀，引起材料的突然失效，造成重大的设备或结构的损坏事故，甚至造成人员伤亡的安全事故，尤其在有化学介质的场所，极易造成危险化学品的泄漏，造成对环境的污染，甚至引起火灾、爆炸等突发性事故，往往造成很大的人员伤亡和社会财产的损失。

同时，从事腐蚀业者本身也时刻伴随着其特有的环保和安全等方面安全隐患。因为，腐蚀控制业的生产和施工过程中所接触的物料大多为有毒有害、易燃易爆等危险化学品，作业中还会造成一定的高温、高压、潮湿环境以及产生环境噪声、烟尘、污染物等，如果控制或管理不严，很容易造成财产损失和导致从业人员患职业病以及伤亡的安全事故。

腐蚀是一门跨学科、跨行业、跨部门的综合性的工程科学，其本质既相互渗透和交叉，但又相互独立，既是一门具有隐蔽性的科学，又是一门具有渐进破坏性的科学，再加上其中极其复杂的专业性、技术性和科学性，完全决定了其在整个国民经济中是一门特殊性的工程科学！这就要求其从业人员具有相当水平的专业、技术、科学素质。但是，目前人类对腐蚀的认识普遍还仅仅处于针对腐蚀现象、腐蚀问题的"一物降一物"、单一性的科学研究的初级阶段，尽管腐蚀科学起源于19世纪初期，一直到20世纪末，人类投入了大量的人力、物力、财力等，研发、创造出了无数的专业技术及其相应的标准，为解决相应的腐蚀现象、腐蚀问题做出了不可磨灭的重大贡献，但是，腐蚀造成的安全、环保等重大事故还依然不断地发生！而对腐蚀本质、特征及其核心要义的整体性、全局性的深入、广泛以及更高度的科学研究也仅刚刚于 21 世纪初方被国际 ISO/TMB75/2016 号决议所批准"开展新领域的工作"。尽管开展新领域的工作遇到了很多困难，但已有 ISO23123：2020《腐蚀控制工程全生命周期　通用要求》、ISO 23222：2020《腐蚀控制工程全生命周期　风险评估》、ISO 23221：2020《管道腐蚀控制工程全生命周期通用要求》、ISO24239：2022《火电厂腐蚀控制工程全生命周期　通用要求》等四项国际标准被 ISO 批准正式向全球发布！

开展新领域的工作本身就是一项重大的新生事物，其不仅开辟了腐蚀科学的新纪元，而且找到了从根本上全面解决腐蚀问题给人类社会造成的各种危害和灾难的当代国际上的最佳对策和良方！具有重大的里程碑的历史意义！

之所以具有重大里程碑式的历史意义，其关键是人类冲破了 200 年来针对以腐蚀现象、腐蚀问题等单一传统旧思维的束缚，开始正视、面对腐蚀的本身而进行了深入、全面的认识和研究，实现"有的放矢"，达到"知己知彼"，方能"百战不殆"！以便从根本上全面有效地将腐蚀始终控制于"从摇篮到坟墓"的一个全生命周期的整个过程之中。当无效时，及时报警，将腐蚀始终控制杜绝或避免于各种重大人身伤亡、安全、环境污染等事故的发生之前！

同时，查阅了腐蚀科学发展的历史，包括从古代到近代有记载的以及腐蚀科学领域中"巨人（包括一些国家级的社会组织）"及其有关大作［如美国材料试验协会（ASTM）腐蚀测试和标准、美国腐蚀工程师协会（NACE）、德国的腐蚀问题工作协会（AFK）、美国方坦纳腐蚀科技中心，美国著名教授方坦纳、尤里克、Robert Baboian 等，以及德国出版的《腐蚀手册》等，详见附件 1］，进行了认真地研究和解析，特向第七次"国际腐蚀控制工程全生命周期标准化技术委员会"年会将有关体会和建议报告如下：

1."腐蚀控制工程全生命周期"中的"腐蚀"

（1）"腐蚀"是存在物与其相应环境相互作用使其原有性能变化的一个

过程。

（2）"腐蚀"的特征是极具普遍性的存在。

（3）"腐蚀"的属性是极具隐蔽性、渐进性的吞噬、突发性的破坏，而且又始终存在着极具风险伤亡、环境污染等重大事故发生的隐患。对此，需要有冷静、清醒、深入的思考解析：这里所说的极具隐蔽性的因素就是说"明枪易躲，暗箭难防"，那么解决极具隐蔽性腐蚀因素的"暗箭难防"的难度要比一般在明处、看得见、摸得着的"明枪易躲"如装置、设施的几何尺寸大小、结构、强度、硬度等难度要大得多、困难得多，这是第一难；第二难就是要解决犹如"钝刀割肉，文火煎心"的极具渐进性吞噬破坏的因素属性；还有始终存在着不规律、不恒量的因素属性的第三难；同时，造成腐蚀的因素多而杂又是动态变化的过程，这是第四难；不仅如此，还始终存在着极具风险性的人身伤亡、环境污染等重大事故发生隐患的第五难！对这种极具特殊性，又不被人们所认识、所重视的腐蚀工程，至今不断震惊国内外的人身伤亡、财产损失发生的重大事故，人类并未被所完全震醒！这是从根本上全面解决腐蚀问题第二个必须深入思考的问题。

（4）造成腐蚀根源的各种因素既有直接因素、间接因素，又有环境工况条件因素，以及过程中有可能产生新的因素等，而这些因素既多又杂，又几乎都是无规律、无定量、无定位地处于隐蔽渐进的动态变化之中。对这些因素不能全面、缜密、无一不漏（即使很小的针眼）地加以科学性、技术性的控制，就不可能从根本上全面解决腐蚀的问题。

2. "腐蚀控制工程全生命周期"中的"工程"

（1）工程就是任何存在物的形成，都是由相应众多相关因素经过科学性、技术性、有序有效性的整合、优化、集成等方式、方法而进行配置的全过程。包括自然形成、人工形成、自然和人工的复合形成（这就是工程的本质和定义）。

（2）工程因素的整合、优化、集成等方式、方法及过程是工程与科学、技术相区别的一个本质特点。科学是以发现为核心，解决"这是什么？为什么？"；技术是以发明为核心，解决"做什么？怎么做？"；工程是科学、技术的实践和载体，解决"做出了什么？"。

（3）工程的基本特征是：工程科技是人类文明进步的发动机，工程活动是社会文明的重要标志之一。概括和把握工程活动的基本特征，当然也是工程哲学研究的内在要求。从科学、技术到工程，工程是最直接、最现实的社会生产力。"工程"充满了整个世界，无所不在、无处不有，所有的不论是经过自然形成起来的，还是经过人工形成起来的，还是自然和人工复合形成起来的工程都会被人类充分所利用，发挥出相应巨大的社会经济效益，可以说，没有"万事万物"工程的产生、创新，就没有经济和社会的发展，就没有人类文明的进步。因此，世界上的"万事万物"都是由"工程"而产生的。

（4）工程的属性是：所有的工程都具有形成（集成）性、众多性、动态性。

（5）工程形成所需因素的范围是：工程形成（集成）所需的因素主要包括科技因素与非科技因素，这两类因素既相互作用，又相互制约。

3. "腐蚀控制工程全生命周期"中的"全生命周期"

"腐蚀控制工程全生命周期"中的"全生命周期"是"将腐蚀始终控制于'从摇篮到坟墓'的一个全生命周期的整个过程之中"，就是说"全生命周期"是一个范围、目标的要求！

二、以上 1.、2.、3.的认识和解析清楚地表明：腐蚀是一项具有特殊性且特别重要的工程。腐蚀给人类社会造成了极大的危害，其损失相当于当年国民生产总值的 3%～5%，美国著名教授方坦纳曾说"假若没有腐蚀，我们的经济面貌会大大改变。例如，汽车、船只、地下管道和家庭用具都不需要涂层了，不锈钢工业将无存在的必要，而铜也许只会用于电器。大多数金属设备和消费产品将用钢或铸铁制造。然而腐蚀是到处都有一家庭内外、路上、海里、工厂里以及宇宙飞船内。但是造成腐蚀工程根源的因素往往又是看不见、不规律、不定量、多而杂、动而变，见怪不怪、习以为常，而不被人们所重视、所认识。如震惊全世界日本的"3·11"福岛核事故、中国的"11·22"长输石油管道破裂爆炸等重大事故，并没有把人们完全所震醒。对腐蚀不能面对、不去认识，讳疾忌医！这就表明，腐蚀虽然是一门科学，历史又非常悠久，但是人类对腐蚀这门科学还是长期处于对各种腐蚀现象的研究、论述之中，长期处于注重总结各种金属材料在各种腐蚀环境下的腐蚀现象和规律，这是客观形势所迫、急于救火，事出有因、现实所致，但是，疏忽了对腐蚀本质的思考：腐蚀是存在物与相应环境相互作用使其原有性能变化的过程，变化的过程有可能不变化，那就说明该存在物适应了相应环境相互作用的各种因素；而对于变化过程中的变化现象，人们长期仅对相应的存在物的本身进行了注重的研究，特别是对各种金属材料在各种腐蚀环境下的腐蚀的现象和规律，投入了大量的人力、物力，进行了深刻的研发，调整、改造使其适应相互作用的因素，实现了局部相对相应的不变化，而忽视了对于相对相应的相互作用的另外的环境因素相对还需要加强、投入，特别是对于相对的相互作用的环境因素的全面、正确识别及其对于相对、相互作用的环境因素的本质、特征、属性、状态等相应进行深入的研究和解析，采取相应的措施，对腐蚀实施全面控制！腐蚀是一个具有特殊性且特别重要的工程，对此，必须要有真正的深入思考，真正认识、体会到，腐蚀是自然界自然形成的，是隐蔽性、渐进性自然形成的，而隐蔽性、渐进性自然形成的过程就像看得见、摸得着的整合、优化、集成等方式、方法一样的一种方式、方法，而这种方式、方法和自然界的存在物及其与环境相互作用的相应因素都一样自然地存在于自然界的整个世界之中！

三、从以上对腐蚀本质、特征及核心要义的整体性、全局性的深刻解析和认识，我们更加确信，人类同腐蚀的斗争最全面、最有效的对策和方案概括起来就是两种：

一种就是按照国际腐蚀控制工程全生命周期相应标准，全面建设被动性的有效抗拒一切来犯之腐蚀于"从摇篮到坟墓"的一个全生命周期的整个过程之中的高质量的铜墙铁壁屏障工程的世界上没有什么东西能刺穿的之"盾"；

　　另一种就是按照国际腐蚀控制工程全生命周期相应标准，全面建设主动性的有效将腐蚀始终控制于"从摇篮到坟墓"的一个全生命周期的整个过程之中于被保护存在物之外工程的世界上最锋利的之"矛"！

　　这两种"盾"和"矛"是当代国际上从根本上全面解决腐蚀给人类造成各种危害的最佳对策，是将造成的各种危害控制在最小程度，实现有效抗拒、有效保护，出现无效抗拒、无效保护时，将及时报警，实现及时采取有效措施，杜绝或避免重大人身伤亡、财产损失、环境污染等事故的发生！

　　解决腐蚀问题最佳的两种对策的实施设计规范：

　　（1）所要保护的对象都是什么？多大的面积？

　　（2）需要什么样的保护技术？怎么样进行保护？

　　（3）有效性的评价技术是什么？

　　（4）如何应用数字经济的智能化？

　　中国的示范基地即按照这一要求正在实施运行之中。

　　四、从根本上全面解决腐蚀给人类造成各种危害的最佳对策的上述之中"盾"和"矛"资源产业的所有因素，通过直接或间接利用现代数字经济的数据引导其有机的融合和整合，充分发挥现代数字经济技术的赋能作用，使其适应现代市场资源产业竞争的综合效益的要求，这就不难理解系统因素的全集成既是一种数字经济的商业行为，也是一种数字经济的管理行为，其本质更是一种现代数字经济的技术行为。

　　五、腐蚀是自然界隐蔽性、渐进动态变化性的一种看不见的存在物工程。在有人类之前就已经存在于自然界中，始终、长期、普遍维持着自然界的和谐、稳定、安全，适应自然界的生存、新陈代谢、更新换代，是自然界不可或缺的共存的一种存在物工程，试想彻底消灭、清零绝对是不可能的！

　　在此基础上，我们也不难理解与其他应用技术、科学理论研究一样，防腐技术的应用实践同样比其腐蚀科学理论的研究历史要悠久得多。"根据考古学家的考证，早在4500多年前人类就掌握了包复石灰三合土、土沥青、石膏的防腐技术。例如1907年德国考古学家Borchardt在考察及金字塔时，发现了世界上最古老的金属管道。这是一根铜质雨水管，长240 m，管径 47 mm，壁厚尚存 1.4 mm。据考证这是 4500 多年前的产品，为什么尚能保存其残迹呢？原来是它的外面包覆着一层相当厚的石灰三合土。这个文物的照片至今保存在德国柏林国家博物馆内（注：摘自中国湖南大学钟琼仪《大气腐蚀研究的历史概况》）。

"1936 年考古学家在伊拉克首都巴格达的附近 Khvjut Rabuch 发现了一个铜质酒壶，其内壁的铜芯仅仅失去光泽并无严重锈蚀，只发现其周围有生了锈的铁粉。据考证这个酒壶是公元前 300 多年前的产品。这个酒壶的铜芯之所以能保存下来，很可能是铁保护了铜。与现代的所谓牺牲阳极保护法颇为相似。1824 年汉弗莱·戴维（Hanfulai Davy）发明的阴极保护法也是应用了铁作为牺牲性阳极保护舰舱的铜壳。这才是现在被公认的最早的阴极保护技术"。（注同上）

"抛磨防腐法是继包复保护法之后出现的又一新防腐技术。这种技术经历了两千多年的历史（即 1500 年防腐技术进入油漆时代的前两千年）。对于这种防腐技术我们是熟悉的，因为我们的祖先最早使用铜镜，工匠们的精心抛磨不仅使铜镜可以照人，而且也是一种防腐方法。因为光滑的平面比粗糙的平面更难吸附空气中的水汽"。（注同上）

总之，古代人类应用了大量的腐蚀技术，但其中很多腐蚀技术及其蕴含的科学机理至今仍是一个谜，比如：中国 2000 年前的马王堆西汉古墓（见附件 2），被现代腐蚀专家闹出大笑话的中国沧州的铁狮子，重达 32 t，屹立千年不倒，却倒在了当代我们的腐蚀专家之手！中国的明十三陵之古墓、秦始皇之古墓等至今都因腐蚀问题而不敢打开！这就需要我们从事腐蚀的专家待去研发、待去解谜！

人类从古代就开始应用腐蚀技术，到近代 19 世纪腐蚀科学的起源到 21 世纪末，人们也仅是针对各种腐蚀现象作了深刻的论述，总结了各种材料在各种腐蚀环境下的腐蚀现象、规律及应用，基本形成了一套被动性的以防为主的"一物降一物"的"头疼医头、脚痛医脚"的单一、局部性解决腐蚀问题的腐蚀科学，但是世界各地还不断地发生着各种重大的人身伤亡、财产损失、环境污染的事故，唯有 21 世纪初，经 ISO 批准成立，由中美联合提出的腐蚀控制工程全生命周期标准化技术委员会方才针对腐蚀的本质、特征，以及核心要义的整体性、全局性，开展适应现代新领域需求的国际腐蚀控制工程全生命周期标准化工作"，并在非常困难的情况下，先后制定并被 ISO 正式向全世界颁发了四项国际标准！一举开辟了腐蚀科学的新纪元，使人类对腐蚀的本质、特征及其核心要义的认识水平推向了前无古人的高度、深度！为从根本上全面解决腐蚀问题给人类造成的各种危害，特别是杜绝或避免重大事故发生提供了全面、可靠、适应时代现代化要求的腐蚀科学的依据！受到了全世界 ISO 成员国的强烈反响，被英国皇家双院士、大不列颠帝国勋章获得者、英国国家物理实验室 Alan Turnbull 博士评价为"开创了一门新的学科"，印度评价为"是一个了不起的主动解决问题的途径"，波兰评价为"是一个跨学科和综合性的工程技术"，新加坡评价为"是关系到工作场所的安全、不只是一个技术问题，也是一个管理（问责）的问题，可能还有法律方面的（例如索赔）问题。采取全面的方法建立产品从生到死的标准，这是一个非常好的措施"，美国国家标准学会评价为"作为更进一步具体需求的基础标准，腐蚀控制生命工程生命周期将是最通用的指导和最好的实践，有效的腐蚀控制程序将提高环境的可持续性、安全和减少灾难性的发生"，以色列评价为"给该领域带来一个协调性的总揽，研究制定国际标准，建立共同语言"等，那么，我们要真正地了解、认识、熟悉、落实专家们的这些要求，履行好协调性总揽，研究制定出高质量的国际标准，建立起共同的语言，就要从了解、熟悉腐蚀的产生、发展的历史开始。而腐蚀在有人类之前就已经存在于自然界中，腐蚀可以是一项自然形成的工程，也可以是一项自然形成的过程，也可以是一项自然整合、优化、集成等方式、方法，也可以是名词、也可以是动词，看在是什么地方、怎么说。人类产生之后才有所历史记载，所以，腐蚀科学的产生、发展的历史概况，可以分为人类之前，人类之后的古代、近代和现代四个阶段，对这四个阶段的发展历史，现实迫切需要考究、调查、总结为腐蚀学的研发及其标准的立项、制定提供可靠的以史为鉴、察往知来、存史启智的历史性的先人智慧的全面支撑，为此，中国专家组建议开启、开展以下三项工作作为本次会议的决议：

（1）征集所有 ISO 成员国中有意愿的专家共同进行回顾、调查、研究、分析、论证、总结编辑出一套"腐蚀科学发展的历史概况"，立足于腐蚀的本质、特征及核心要义的整体性、全局性进行编史立典、存史启智，为国际标准化的制定提供全面性、系统性、可靠性、历史性的技术支撑。

（2）同时，编辑一套"国际腐蚀科学基础通用培训教材"，开展国际性的培训，培育一批国际性的腐蚀工程师、腐蚀高级工程师、腐蚀工程大师！切实尽快开创出一门独立的新的学科。

（3）在"中国防腐蚀历史博物馆（见附件 3）"的基础上筹建"国际腐蚀科学历史博物馆"！实施普及宣传教育，动员全社会对腐蚀的重视，熟悉腐蚀科学的基本常识，自觉地贯彻实施有关的腐蚀控制工程全生命周期的相应标准，打好蓝天、碧水、净土保卫战，建好人类生存的美丽、文明的地球家园！

诚恳地希望和欢迎各位专家给予支持和参与！

六、十年的回顾和秉持正义及正本清源

（1）国际腐蚀控制工程全生命周期理论、应用及其标准化理念，从 2013 年 3 月正式提出来至今已经十年了！回顾这十年来，同美国进行了两年半的讨论、交流，美国："我们花了一些时间复阅了提案"，"此提案的确展示了很好的意图，并且意义深远和值得思考，然而，这个标准的范围非常复杂，要在此领域完成工作将很困难且极具挑战，尽管 NACE 可能支持这一尝试，但 NACE 技术活动部门需要考虑清楚，如何能获得其技术委员会志愿会员的支持"；最后，两国同意联合提出申请成立"国际腐蚀控制工程全生命周期标准技术化委员会"的提案（ISO/TS/P254）；经 ISO 秘书处研讨同意启动全世界 ISO 成员国投票，经一次 172 个 ISO 全体成员国投票和一次 15 个 TMB 全体成员投票通过，受到了各成员国的强烈反响。

（2）其中日本、瑞士提出要上会，2016 年 6 月 TMB 全体成员会议上，各国专家都肯定了新 TC 成立的必要性和可行性，当时 TMB 的日本代表给中国代表的邮件指出德国、英国、法国和日本等 ISO 成员存有对新 TC 和现有 TC 工作领域的潜在交叉和对新提案范围界定不清晰的疑虑，建议进一步协调说明后，以便 TMB 决定是否临时或正式地批准成立新的 TC（见附件 4）时，TC156 主席 Goran Engstrom 先生得知 TMB 已经同意成立腐蚀控制工程全生命周期新 TC 时，突然提出"这一领域已经包含在 TC156 中（声称见 "TC156 战略规划"中的第一章"介绍"和第二章"业务环境"，特别是 2.1 中的第二点），只不过还没有一个活动工作项目"，并认为"ISO/TS/P254 提案是非常富有成效的，但它应该作为一个新工作组或分技术委员会放在 ISO/TC156 下"（见附件 5）。（在这里，使人不得不怀疑这位 Goran Engstrom 先生是不是 ISO/TC156 的主席？既然是 ISO/TC156 的主席，就应该清楚 ISO/TC156 的定位和职责范围和 ISO/TS/P254 提案的定位和职责范围是风马牛不相及的！怎么能提出"这一领域已经包含在 TC156 中，而且都有战略规划，只不过还没有一个活动工作项目"，并认为"ISO/TS/P254 提案是非常富有成效的，但它应该作为一个新工作组或分技术委员会放在 ISO/TC156 下"，岂非咄咄怪事！这位 TC156 的主席第一次投票是投的反对票，第二次投的是赞成票，会上却为了迎合当时部分成员国所担心会发生与现有 TC 的延伸、重复、覆盖的问题，加上 ISO 严格控制新标委会成立的背景而提出违背事实真相和专家身份的上述意见，使得 TMB 会议不得不作出 ISO/TMB75/2016 号这样的决议（见附件 6），暂时先作为 TC156 的分技术委员会开展新领域的工作，并且 ISO/TMB75/2016 号决议"要求 ISO/TC156 向 TMB 提交一项修改其范围的提案，使其能够包含 ISO/TS/P254 提出的新的技术领域；进一步要求 ISO/TC156 建立一个新的分技术委员会开展新领域的工作"。而 TC156 提交修改后的范围 "金属和合金的腐蚀的标准化，包括腐蚀测试方法，防腐蚀方法和腐蚀控制工程全生命周期。ISO 内部这些领域活动的总协调"，对此提案，在 2022 年 5 月的商讨会议上，ISO 秘书处项目经理认为：这显然不符合决议的要求，而所否定！希望 ISO/TC156 的主席拿出符合 ISO/TMB75/2016 号决议要求的提案！如提不出符合要求的提案，请向 ISO 秘书处作出正式书面答复。解铃还需系铃人，已经七年了，应该正本清源恢复全世界 ISO 成员国和 TMB 成员国两次投票通过及 ISO/TMB 拟同意成立 ISO/TC 国际腐蚀控制工程全生命周期标准技术委员会的初衷和意愿，以使能够顺利地开展"ISO/TS/P254 提案"新领域的工作！

（3）七年来 SC1 分技术委员会在非常困难的情况下开展新领域的工作，所制定的新领域的四项国际标准，其中 ISO23123：2020《腐蚀控制工程全生命周期　通用要求》、ISO 23222：2020《腐蚀控制工程全生命周期风险评估》、ISO 23221：2020《管道腐蚀控制工程全生命周期　通用要求》三项国际标准于 2020 年 11 月正式向全世界发布！而主导研制的国际标准 ISO24239：2022《火电厂腐蚀控制工程全生命周期　通用要求》历经三年多的时间，经反复研讨、修改，多方沟通、论证，特别是在进入出版阶段后，就标准名称与 ISO 中央秘书处、国标委、标委会主席进行了近十个月反复二十余次的沟通、会谈、说明，终于由国际标准化组织（ISO）正式向全球发布（见附件 7），实属来之不易，可谓经千难而百折不挠，历万险而矢志不渝。说明 SC1 及其所制定标准的范围既没有出现是 TC156 及其他相关现有 TC 的延伸，又没有出现和 TC156 及其他相关现有 TC 的重复，更没有出现被 TC156 及其他相关现有 TC 所覆盖！铁铮铮的实践证明了 SC1 及其所制定标准的范围是绝对不属于 TC156 的范围，也清楚地回答了某几个成员国担心延伸、重复、覆盖的疑虑。也充分证明了 TC156 主席 Goran Engstrom 先生当初提出的那些完全是一篇谎话，"只不过还没有一个活动工作项目"更是欺骗！七年了为什么还没有一个活动工作项目？为什么又变成 O 国？恳请现任主席秉持其公正，纠正其错误，支持其初衷和意愿变为 TC，谢谢！

（4）我们始终强调的是，TS/P 254 提案成立的新 TC 是以腐蚀控制工程为对象，研发、制定腐蚀控制的工程需要择优选用相应的多少因素、什么样的因素，通过什么样的集成方法、技术、模式等建成腐蚀控制的工程，实现从根本上全面对相应腐蚀实施进行全生命周期控制的标准。而 TC156 是以金属和合金的腐蚀为对象，研发、制定防护金属和合金不被腐蚀的方法、腐蚀的试验方法等的技术标准。两者并没有交叉、重复或冲突。腐蚀控制工程全生命周期作为一个工程，那就不单单牵涉择优选用耐蚀材料，还要针对腐蚀控制工程择优选用众多的相适应的技术、研发、设计、制造、施工与安装、贮存与运输、调试与验收、运行、测试检验、保养与维修、延寿与报废、文件与记录、资源管理、综合评估等因素，对这些因素，不仅因素内要进行择优选用，还要进行因素间以及全局间的相互协调而择优选用，我们并不去制定这些众多因素的具体专业技术标准，仅制定要求去择优、协调选用现行的相应专业标准，确保腐蚀控制工程安全、经济、全生命周期和绿色环保运行的总目标，以便实现从根本上全面解决，最大限度地减少腐蚀给人类造成的各种危害，避免或杜绝各种重大人身伤亡、重大环保安全事故的发生！这与 TC156 金属和合金的腐蚀的范围、对象、内容等都是完全不同的。经六年来的实践证明，除 SC1 外，原 TC156 自其成立以来没有且不可能主导提出任何一个其战略规划中的所谓已经包含 SC1 中的项目。既然是腐蚀控制工程，这仅仅是腐蚀控制工程有关内核腐蚀科技方面的所有因素部分、有关边界非腐蚀科技方面的所有因素同样按照上述的统一要求、方式、方法一同去择优、协调、选用配置，实现上述的总目标。

七、"有的放矢，有益为之，无益而不为""知己知彼，百战不殆"

（1）其关键、核心的问题是对"国际腐蚀控制工程全生命周期标准化体系建设和实施工程"中的"腐蚀"本身这个"彼"或"的"是不同于一般在明处、看得见、摸得着的，极具隐蔽渐进性及所造成腐蚀根源的因素既不规律、不定量、多而杂、动而变，同时又不被人们所重视、所认识、所存在的一项具有特殊性且特别重要腐蚀工程的存在物，而针对"腐蚀"本身这个"彼"或"的"对应的"腐蚀控制"这个"己"或"矢"同样是一个特殊性、特别重要的腐蚀控制工程的存在物，而这两工程所包含的内容、对象、内因、外因等又都是完全针锋相对的"马蜂对枣刺——尖对尖、滴水不漏"！以便真正达到"腐蚀控制工程全生命周期"能够秉持科学理念的控制，精准以情的施策，强化专业技术的监理，适时风险的评估，大数据智能全球化的运作，实现将腐蚀工程始终控制于"从摇篮到坟墓"的全生命周期的整个过程之中，最大限度、最佳程度减少或杜绝腐蚀造成的危害或重大安全、环保污染事故的发生！

（2）以上对"彼"和"的"的哲学思维对"腐蚀"及其对造成"腐蚀"

的根源因素进行了全面深入揭示，那么，同样用"己"和"矢"的哲学思维对"腐蚀控制"及其应对措施和对策进行了全面深入的相对应的思考、研究，提出针锋相对的完全能够发挥对腐蚀实施全面控制的应对措施和对策，即"国际腐蚀控制工程全生命周期标准化"。

（3）真正做到"有的放矢，有益为之，无益而不为"，"知己知彼，百战不殆"的目的！那么"腐蚀控制"的本质、特性、属性又是什么以及"国际腐蚀控制工程全生命周期标准化"又是什么？

"腐蚀控制"的本质、特性、属性必然是针对造成"腐蚀"的众多根源因素进行控制的一项工程！这是因为腐蚀完全是针对不同于一般在明处、看得见、摸得着的事物，极具隐蔽性、渐进性，所造成腐蚀根源的因素又不规律、不定量、多而杂、动而变，同时又不被人们所重视，所认识的一项特别重要的腐蚀工程，而所要采取的、针锋相对的从根本上全面控制腐蚀给人类造成的各种危害、安全、环保、污染等事故发生的有效对策和措施，即为"国际腐蚀控制工程全生命周期标准化"！

而"国际腐蚀控制工程全生命周期标准化"就是以腐蚀控制工程全生命周期为对象，立足全球腐蚀控制工程全生命周期全局的高度，集全世界针对造成腐蚀根源的核心内核因素和造成腐蚀根源核心的边界因素进行控制的所有相关的科技因素和非科技因素的资源之大成，对影响其抗拒造成"腐蚀"所有根源的因素，确保人身健康和生命财产安全、国家安全和生态环境安全经济运行的基础上，求得经济、全生命周期和绿色环保的最佳效益为目标的全过程链条上的所有优化的科技因素和非科技因素资源（如目标、腐蚀源、材料、技术、设计、研发、制造、施工与安装、贮存与运输、调试与验收、运行、保养与维修、延寿与报废、文件与记录、资源管理、综合评估等），开展其因素内、因素间及其全局间的择优性、协调性的选用；对其择优性、协调性选用的所有因素资源，通过运用科学性、技术性、有序有效性的系统集成智能化方式的全过程中，制定出一套具有整体性、系统性、相互协调优化性、相互衔接、相互交织、相互支撑的全面综合程序性的标准，以实现其对相应腐蚀工程的有效性被动或主动的控制，被动或主动控制无效性时，即自动性报警！最终达到最佳最大限度地减少腐蚀工程给人类社会带来的各种危害，并能完全杜绝或避免隐蔽性、渐进性、突发性腐蚀工程所造成相应的重大安全、环保等事故的发生！

八、全面借鉴应用现代系统因素全集成和人工智能化的数字经济于建设腐蚀控制工程全生命周期全球化工程。系统集成作为一种新兴的服务方式，通过采用技术整合、功能整合、数据整合、模式整合、业务整合等技术手段，将各个分离的设备、软件和信息数据等要素集成到相互关联的、统一和协调的系统之中。这是当今国际社会 21 世纪的工程系统因素全集成和具有智能化程度的全球化工程的数字经济，其显著特征表现为因素全球化流动，如工程全球化招标、物资全球化采购、信息全球化共享、人才全球化招聘等的科学技术发展竞争，加强、加快对这一科学技术在腐蚀控制工程领域中的实施应用，实现腐蚀控制工程全生命周期的最佳效益，而不是在设计、材料、工艺领域的"线性创新"，是基于坚实的科学原理，它不是神话或幻想，而是对科学原理的创新性应用；这正是由颠覆性技术的本质所决定的：正像 TMB 日本成员 Yasu 邮件中所说的"我相信这样做对于确保 ISO 在这一领域技术工作具有更大的协调性和一致性是值得的，并且最终顺利推进这一有趣的、困难的新项目。我相信，对于新项目能有更好的未来也是一个好的投入"。

九、我们一开始就制定了开展"国际腐蚀控制工程全生命周期标准化技术委员会"工作的发展规划，经六次年会的不断修改完善，在此基础上，我们拟计划用 15 年左右的时间能够实现完善"国际腐蚀控制工程全生命周期标准化技术委员会"所要制定出有关国际腐蚀控制工程全生命周期标准化体系中的主要标准（大约有 100 个项目），再经 15 年左右的时间实现全面贯彻这些标准，为美丽、安全、绿色的地球家园做出贡献！

十、我们已经启动了"ISO 国际腐蚀控制工程全生命周期标准化体系建设和实施国际示范基地"，开展腐蚀控制工程全生命周期标准研制、工程应用实施等工作，为加快腐蚀控制工程全生命周期标准化体系建设和实施及其相应标准制定的工作奠定基础。我们对所要制定出的有关国际腐蚀控制工程全生命周期标准化体系及主要标准制定的规划进行了进一步的调整和充实。另外，我们初步设计绘制了腐蚀控制工程系统全集成程序智能化设计规范标准图册（见附件8）。欢迎大家参与讨论，提出您的修改意见和建议。

最后，手握大道何所惧、心底无私天地宽！唯有踔厉奋发、笃行不怠，俱往矣！我们所从事的是前无古人的伟大的事业，伟大的事业是无可战胜的！大道不孤、永攀高峰！方能不负历史、不负时代、不负人民的重托！谢谢！

附件1：纵观历史　横看世界

国际上对腐蚀的认识，包括世界最具影响力的机构如美国腐蚀工程师协会（NACE）、美国材料试验协会（ASTM），著名研究机构如美国方坦纳腐蚀科技中心，知名学者如方坦纳、尤里克、Robert Baboian 等，以及德国出版的《腐蚀手册》，对腐蚀的定义都还停留在材料与环境的相互作用而使材料性能产生破坏这一层面，只是针对各种腐蚀现象作了深刻的论述，总结了各种材料在各种腐蚀环境下的腐蚀现象和规律，而非腐蚀的本质、特征及核心要义的整体性、全局性。

国内外部分腐蚀控制领域相关著作

《腐蚀工程》是美国方坦纳腐蚀科技中心著名教授方坦纳的著作之一。最早出版于 1967 年，第二版于 1978 年更新，并在 1987 年出版了第三版。其中将腐蚀定义为：①由于材料与环境反应而引起的材料破坏或变质；②除了单纯机械破坏以外的材料的一切破坏；③冶金的逆过程。定义①和定义②更适合于腐蚀工程的目的，因为材料除金属外，还须考虑陶瓷、塑料、橡胶和其他非金属材料。《腐蚀工程》认为：处理腐蚀问题不是采取从材料入手的常规办法，而是根据腐蚀介质或腐蚀环境来考虑腐蚀问题。（引自 M. G. 方坦纳，N. D. 格林. 腐蚀工程. 第二版. 北京：化学工业出版社）

《腐蚀与腐蚀控制　腐蚀科学与腐蚀工程导论》由美国麻省理工学院著名的腐蚀科学家 H. H.尤里克教授撰写。自 1962 年出版以来，分别于 1971

年、1985 年和 2008 年再版。该书认为腐蚀是金属和周围环境起化学或电化学反应导致的一种破坏性侵蚀。由于物理原因造成的损伤不称为腐蚀，而称为磨蚀。该定义并不包括非金属材料的腐蚀，例如：塑料可能发胀或开裂；木头可能干裂或腐烂；花岗岩可能被风蚀；普通水泥可能剥离脱落等。（引自 H. H. 尤里克，R. W. 瑞维亚. 腐蚀与腐蚀控制 腐蚀科学与腐蚀工程导论. 北京：石油工业出版社）。

《腐蚀工程》第二版

《腐蚀与腐蚀控制 腐蚀科学与腐蚀
工程导论》

《管理科学世纪回眸》由原中国化工企业管理协会秘书长朱永涛先生撰写。该书梳理了近百年来管理科学的发展脉络，通过回顾管理科学的世纪变迁，对西方主要管理学派的形成发展、代表人物、主要论点及其影响与不足进行了概述。其中重点介绍了泰罗制、管理丛林的主要流派、行为科学、质量管理、营销学、战略管理以及现代管理理论等方面的内容，也介绍了如彼得·德鲁克、威廉·爱德华兹·戴明、约瑟夫·朱兰等多位知名管理大师和多家著名企业。

《管理科学世纪回眸》

《管线腐蚀控制》是著名腐蚀专家 A. W. Peabody 的著作。自 1967 年出版以来，该书被翻译成至少七种不同的语言，被大多数人认为是关于管道腐蚀的权威著作，并于 2001 年再版，且出版了配套习题集。A. W. Peabody 认为一般腐蚀定义是指由于环境的作用引起的材料的破坏，这里的材料包含所有的自然存在的和人造的材料，如含塑料、陶瓷和金属。腐蚀的定义涉及两个问题：一是金属为什么会腐蚀，这是热力学问题；二是腐蚀的快慢，即腐蚀速率，这是动力学问题［引自《管线腐蚀控制》（第二版）中的第一章］；而美国腐蚀工程师协会（NACE）在其相关的"术语与定义"中将腐蚀定义为腐蚀指材料由于与环境发生反应而变质，这里的材料通常指金属［引自《管线腐蚀控制》（第二版）中的附录中"NACE 腐蚀相关词语词汇表"］。

《管线腐蚀控制》中英文版及习题集

CORROSION TESTS AND STANDARDS Application and Interpretation 是由 ASTM（美国材料试验协会）出版的图书，作者 Robert Baboian 在书中将腐蚀定义为：腐蚀是指材料（通常指金属）与其环境之间的化学或电化学反应，导致材料及其性能变坏。

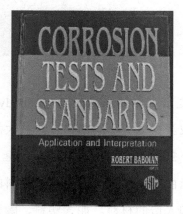

CORROSION TESTS AND STANDARDS Application and Interpretation

德国出版的腐蚀专著《腐蚀手册》，是无数实验室的标准工具用书。1953 年，德国就发起了一项倡议，根据现有的腐蚀知识编制一个信息系统，并由腐蚀专家对这些信息进行评论和解释，名为"DECHEM-材料-表（DECHEMA-werkstoff-tabelle）"。在德文版本的基础上，1987 年出版了英文的《DECHEMA 腐蚀手册》，包括 12 卷，随后于 2004 年又经过重新修订，该手册按导致腐蚀反应的介质编辑，并且介绍了多种材料及它们在介质中的反应，主要包括关于腐蚀速率的定量数据，以及对这些数据背后的腐蚀背景和机理的详述，对次要参数的依赖关系，如流量、pH 值、温度等。其中某些必要内容还附有更详细的注释，以及在每章末尾列出了大量参考文献。因此该手册介绍的是具体材料与介质之间的腐蚀行为及相关信息，仍是有针对性的，一物降一物而非工程集成的应用手册。

《腐蚀手册》

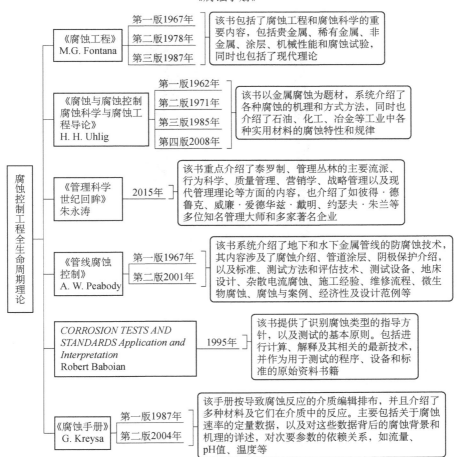

部分腐蚀控制书籍资料

附件 2：马王堆西汉古墓

马王堆汉墓是西汉初期长沙国丞相利苍及其家属的墓葬，1972～1974年，考古工作者在这里先后发掘了 3 座西汉时期墓葬。马王堆三座汉墓出土了大量保存完好的丝织品、帛书、帛画、漆器、竹简等珍贵文物 3000 多件。其中最著名的是，一号墓出土的一具保存有 2100 多年的完整女尸。据考证该墓主人为利苍的妻子辛追，年龄约五十岁，出土时软组织有弹性，关节能活动，血管清晰可见。虽然经历了 2100 多年，其身体各部位和内脏器官的外形仍相当完整，并且结缔组织、肌肉组织和软骨等细微结构也保存较好，是一具特殊类型的尸体，是防腐学上的奇迹，震惊世界。

马王堆女尸

马王堆帛书

素纱襌衣

附件 3：中国防腐蚀历史博物馆部分场景照片

附件 4：TMB 日本成员邮件

晨光：

非常感谢您对这一新提案的进一步说明。ISO 成员的投票清楚地展示了此新提案的全球市场相关性。而另一方面，仔细审视来自像德国、英国、法国和日本等 ISO 成员的意见，我作为 TMB 的成员，认为这些 ISO 成员表达的不仅仅是对新 TC 和现有 TC 工作领域的潜在交叉的疑虑，同样还有对新提案范围界定的不清晰的关注。因此，我认为对于 TMB 而言，的确有必要要求新提案的提案人在与相关 TC 协调后进一步修改完善工作范围和工作框架，提交给 TMB，TMB 再决定是否临时或正式地批准成立新的 TC。我相信这样做对于确保 ISO 在这一领域技术工作更大的协调性和一致性是值得的，并且最终顺利推进这一有趣的、困难的新项目。我相信，对于新项目能有更好的未来也是一个好的投入。

希望您能理解我的好意。

祝好

Yasu

附件 5：TC156 的主席给 Stephane（TPM）

Stephane：

我得知 TMB 已经同意成立腐蚀控制工程生命周期新 TC。

我的意见是这一领域已经包含在 TC156 中，只不过还没有一个活动工作项目。见"TC156 战略规划"中的第 1 章"介绍"和第 2 章"业务环境"，特别是 2.1 中第二点。

我认为 TS/P254 提案是非常富有成效的，但它应该作为一个新工作组或分技术委员会放在 TC156 下。

现在是否还有可能改变 TMB 的这一决定，把 TS/P254 放入 TC156。或者我们还能做什么？

我会在 TC156 今年 6 月布拉格的会议上把这一问题提出来。在这之前，我想先向您提出这个建议。

Goran TC156 主席

附件 6：TMB 决议 75/2016

TMB 决议 75/2016

TMB 第 66 次会议通过，日内瓦（瑞士），2016 年 6 月 15～16 日

扩大 ISO/TC156 的范围以包含一个新的技术活动领域——腐蚀控制工程生命周期（TS/P254）

TMB 要求 ISO/TC156 "金属和合金的腐蚀" 向 TMB 提交一项修改其范围的提案，使其能够包含 TS/P254 提出的新的技术领域，进一步要求 ISO/TC156 建立一个新的分技术委员会开展新领域工作［秘书处由中国国家标准化管理委员会（SAC）承担］。

附件 7：ISO 编辑项目经理（EPM）邮件

尊敬的各位：

请知悉我现在已经更正了 ISO 24239 的名称，并发出了文件进行最后 2 周的审核。

假设没有发现其他问题，ISO 24239 计划于 2022 年 11 月 02 日发布。

再次感谢您的耐心等待和理解。

祝好！

布莱恩

附件 8：腐蚀控制工程系统全集成程序智能化设计规范标准图册（示例）

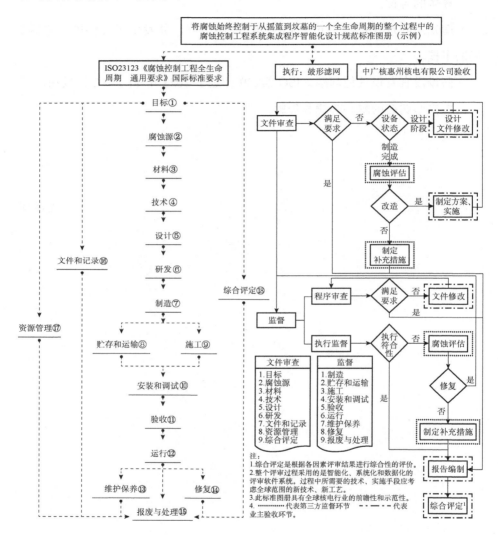

（1）目标：确保人身健康和生命财产安全、国家安全和生态环境安全的经济运行的基础上，求得经济、全生命周期和绿色环保的最佳效益。

（2）腐蚀源：

a）直接腐蚀源：如酸、碱、盐等；

b）间接腐蚀源：即在什么样的工况条件下，如压力、温度、湿度等；

c）环境工况条件腐蚀源：即在什么样的环境状况条件下，如海洋性气候还是大陆性气候，桥梁性构筑物等；

d）过程中产生的新的腐蚀源：如尿素生产过程中产生的中间产物缩二脲等；

e）应通过相应的程序对腐蚀源进行认定，防止遗漏或错误判定。

（3）材料：

a）材料择优选用能够抗拒所识别的腐蚀源，实现目标要求的最佳材料；

b）有相应的标准等作为依据；

c）有相应的具体的业绩和支持性实施案例；

d）与其他因素之间、整体间相互协调优化；

e）选用的材料要经过一定的程序的认定，形成文件并存档。

（4）技术：

a）电化学保护技术；

b）功能性复合技术；

c）缓蚀剂；

d）所采取的腐蚀控制技术应经过一定的程序的认定，能够满足主体工程的腐蚀控制要求。

（5）制造：

a）制造择优选用能够抗拒所识别的腐蚀源，实现目标要求的最佳制造；

b）有相应的标准等作为依据；

c）有相应的具体的业绩和支持性实施案例；

d）制造与之前确认的因素如材料、技术之间相互协调优化，确保能够实现制造，又要与后续因素、整体工程之间相互协调优化，确保不发生冲突；

e）对提供的最佳制造应经过一定程序的认定，并记录存档。

（6）贮存和运输：

a）择优选用能够保护腐蚀控制工程的装置、设备等不受损坏或破坏的、实现目标要求的贮存和运输，有特殊要求要特殊对待；

b）有相应的标准等作为依据；

c）有相应的具体的业绩和支持性实施案例；

d）与之前确认的因素如材料、技术、制造、施工之间相互协调优化，确保能够实现贮存和运输，又要与后续因素、整体工程之间相互协调优化，确保不发生冲突；

e）对提供的贮存和运输进行一定程序的认定，并建立文档记录。

（7）施工：

a）施工择优选用能够抗拒所识别的腐蚀源，实现目标要求的最佳施工；

b）有相应的标准等作为依据；

c）有相应的具体的业绩和支持性实施案例；

d）施工与之前确认的因素如材料、技术、制造之间相互协调优化，确保能够实现施工，又要与后续因素、整体工程之间相互协调优化，确保不发生冲突；

e）对施工进行一定程序的认定，并形成文件。

（8）安装和调试：

a）择优选用能够满足工程要求条件，实现目标要求的最佳安装；

b）有相应的标准等作为依据；

c）有相应的具体的业绩和支持性实施案例；

d）与之前确认的因素如材料、技术、制造、施工、贮存和运输之间相互协调优化，确保能够实现安装，又要与后续因素、整体工程之间相互协调优化，确保不发生冲突；

e）调试包括如阴极保护、缓蚀剂等，也要按照上述原则优选；

f）对于安装和调试结果要形成文件，要经过一定程序的认定。

（9）验收：运行之前应按照规定的程序对每一个因素逐一进行相应的验收，最后对整体腐蚀控制工程验收并提交具有支持性和追溯性的验收文件。

（10）运行：

a）按照相应的运行程序以及腐蚀控制工程大纲要求设置运行参数，确保实现目标要求；

b）重点是对腐蚀控制工程全生命周期运行的监视和监控，要确保时时预警。

（11）维护保养：

a）按照相应的维护保养手册实施维护保养；

b）对电化学保护，应设置专人在线监视、监控、调试、测试达到预控和预警，每年安排专业人员对电化学保护装置进行功能检查，每三年安排专家对电化学装置进行复查一次；

c）对产生的问题要及时跟踪处理；

d）对监控设备进行维护保养，保持设备的完好性。

（12）修复：

a）修复应使主体工程和腐蚀控制工程的安全和运行不受影响，符合目标的要求；

b）应有相应的选择依据如标准、规范等；

c）评估修复风险，优选具备管控风险的最佳修复，对其业绩、修复案例等进行审核；

d）与之前确认的因素如材料、技术、制造、施工、贮存和运输、安装和调试之间相互协调优化，确保能够实现修复，又要与后续因素、整体工程之间相互协调优化，确保不发生冲突；

e）要经过一定的程序的认定，形成文件并存档。

（13）报废与处理：

a）对无法达到腐蚀控制要求，无法使用的腐蚀控制技术及设备、设施进行报废处理；

b）按照设计阶段制定的绿色预案进行报废处理；

c）对于报废的可循环再利用的设备，优选相应的单位进行循环处理；

d）对于报废和处理的结果要经过一定程序的认定，形成具有可追溯性和支持性的文档。

（14）设计：

a）对腐蚀控制工程全生命周期全过程链条上的所有因素（增加或减少）进行设计是否满足及符合目标和抗拒所识别的腐蚀源；

b）制定绿色预案；

c）设计文件应经过一定程序的认定，并形成文档和记录保存。

（15）研发：整个研发过程要按照一定的程序进行，坚持科学性、技术性、经济性的原则。

（16）文件和记录：

a）各因素、节点、环节等都应形成具有可追溯性的支持性文件和记录，涵盖整个腐蚀控制工程全生命周期；

b）定期评审。

（17）资源管理：各个因素、环节、节点等应具有对应的和相适应的人员、工艺工装、检测设备和作业场所以及监理等的有关要求。

（18）综合评定：

a）对上述因素按照各相应环节、节点的要求，进行综合性评定；

b）出具书面评定报告，并且对腐蚀控制工程全生命周期的工程设计做出持续改进和完善的指导。

注1：择优性、协调性选用原则：必须坚持一定的原则，主要包括实用性原则、经济性原则、先进性原则、成熟性原则、标准性原则、安全性原则、可靠性原则、开放性原则和可扩展性原则。遵照以上原则，进行各因素的选择。对比供方提供的备选因素的规格、性能及标准，比较性地选出该因素的最佳选择。随后进行因素间的协调优化，协调、比较性地对比，综合性地选出腐蚀控制工程各因素，确保选出的各因素相互协调优化、相互衔接、相互交织、相互支撑。最后对择优性、协调性选用的所有因素资源，通过运用科学、技术、经济、安全有序有效性的工程化集成所有相应因素资源的优化配置的全过程。

一般按照上述原则进行择优、协调、比较性的综合性的选出。

ISO/TC156/SC1 第七次年会决议 ISO/TC156/SC1 Resolution 2023-02 接受了中国代表做的腐蚀控制工程全生命周期主题报告。

附八　第八次会议主题报告摘录

一、引言

纵观一门科学史，不仅可以使我们了解这门学科发展的趋势，而且可以避免某些错误的重犯，避免因研究内容上的重复而造成人力和物力的浪费。

纵观科学史，还可以使我们从前人的成功中受到鼓舞。因为他们曾经开创过世界上最早、最好的科学技术事业，而人类与腐蚀作斗争的历史可以追溯到 4500 年前，埃及金字塔里至今还保存着古代埃及帝王的尸体——木乃伊。木乃伊不仅肉体保存完好，就连他们身上穿的衣服，虽然经过了几千年也依然如故。原因仅据说这些木乃伊是经过特殊的防腐剂浸渍过的。其处理技术如同金字塔的建筑一样仍然是个谜；中国长沙马王堆出土的古汉墓女尸比埃及木乃伊晚了 2500 年，但是古尸的肌肉在出土时仍有弹性，其防腐的原因一方面说是由于墓穴周围有一层很厚的木炭层，起着吸收水分的作用；另一方面是说墙壁的石块间用熟糯米黏结，起到了密封作用，这是现代腐蚀教科书上讲的"腐蚀隔离技术"，但是究竟是一套什么样的真正完全的腐蚀控制技术，仍然是一个谜。实际上保存了 4500 多年、2500 多年而这么长时间还仍然不被腐蚀，到底其中古代先人应用了什么样的科技原理？完全值得应该投入人力、物力、财力进行研究解密！另外，中国现有 6500 多家博物馆、国际上有 28000 多家博物馆，所保存的能几千年、几百年不被腐蚀的物品，其中同理仍然蕴育有极为丰富雄厚的明里、暗里、没有被人类完全所认识、所重视、所发现、所开发而所存在的大量极为有价值的腐蚀控制科学技术、机理，本报告将直面腐蚀、直白腐蚀，揭示腐蚀本质的概念、定义、特征、属性等前提下，回顾、总结"人类同腐蚀斗争 4500 多年来的历史性的科学发展传统的概况史"，并重点从腐蚀控制工程这个角度去研究、认识、索取、挖掘、继承传统、消化吸收、应用、创新，为新质生产力、高质量发展的现代化的国民经济做好保驾护航，为穷力开创从根本上全面有效控制腐蚀新纪元有新的贡献！其更大的目的在于能够起到一个抛砖引玉的作用，期望各位专家、同仁携手共同帮助编著好这部具有重大现实意义、国际意义、历史意义，为"从根本上全面有效控制腐蚀新纪元"做出新贡献的"概况史"。

二、内容

人类同腐蚀斗争 4500 多年，根据我们所收集到的资料和我们本身的体会及肤浅的认识，大致可分为以下三个阶段。

第一阶段（1801 年之前）："有眼不识泰山"阶段

人类与腐蚀斗争的历史可追溯到 4500 多年前，古代人应用了大量的防腐蚀技术，但至今其中很多防腐蚀技术、科学机理对我们仍还是一个谜，急需从腐蚀这个角度进行深入研究、应用、继承。这些客观存在的奇迹充分表明：人类同腐蚀斗争的先人们从一开始就以腐蚀、腐烂为对象，立足全局的高度，集当时人类的智慧、财力、物力、人力，穷尽全力实现对腐蚀、腐烂的有效控制！这里边蕴育、应用了人类祖先所发明、创造了众多重大的腐蚀控制原始科学、技术、机理等，而我们却有眼不识泰山，长期纠结于以腐蚀现象、种类为对象，苦苦研究"一物降一物"的、单一的、局部的对策、措施、标准，这也即"盲人摸大象"的第二阶段！

第二阶段（1801 年至 21 世纪末）："盲人摸大象"阶段

该阶段主要是以针对发现的各种腐蚀现象到以现象为基础的分类而进行研究相应的理论及对策：技术、材料及相应的各验证方法解决相应发现的腐蚀的各种类型，为国民经济的发展作出了重要贡献，但是，还没有从根本上全面解决腐蚀给人类造成的各种危害，特别是人命关天、环境污染等重大事故还在世界各地相继地发生，总的可以概括为：人类同腐蚀的斗争，极而言之为"盲人摸大象"阶段！

第三阶段（21 世纪初开始至今）：认清腐蚀本质　穷力开创从根本上全面有效控制腐蚀新纪元！

以直面腐蚀、直白腐蚀，而且深刻地认识到腐蚀是一项动态性、自发性、相互作用的过程，是一项隐蔽性的特殊而伟大性的工程，这是由中国提出，中美联合共同申请，于 2016 年被 ISO 172 个成员国 3 个月、15 个 TMB 成员国 1 个月先后投票通过，最后经全会 ISO/TMB75/2016 号决议批准成立的国际（ISO/TC156/SC1）腐蚀控制工程全生命周期标准化技术委员会，开始在直面、直白认清、揭示腐蚀本质的基础上，开创性提出了"从根本上全面有效控制腐蚀新纪元"的人类同腐蚀斗争 4500 多年历史的第三阶段！这是前无古人的，具有划时代里程碑的重大意义！腐蚀是一项工程，是包括众多的科技因素和非科技因素，是众多的科技因素与社会、经济、文化、政治及环境等非科技因素的综合集成的产物。工程的成功与失败也不仅仅是科技因素就能决定的，甚至更多的时候取决于非科技因素。

（1）直面、直白腐蚀本身，在现代腐蚀学的基础上，以腐蚀工程为对象，立足全球全局的高度，集全世界针对造成腐蚀工程根源的因素（包括核心内核因素和边界因素）进行控制的所有相关的科技因素和非科技因素的资源之大成，对其中能够适应抗拒、控制造成相应某一具体腐蚀工程的所有根源因素（直接腐蚀源因素、间接腐蚀源因素、环境腐蚀源因素、过程中产生新的腐蚀源因素），并能在确保人身健康和生命财产安全、国家安全和生态环境安全经济运行的基础上，求得经济、全生命周期和绿色环保最佳效益的全过程链条上（如目标、腐蚀源、材料、技术、设计、研发、制造、施工与安装、贮存与运输、调试与验收、运行、保养与维修、延寿与报废、文件与记录、资源管理、综合评估等）的所有科技因素和非科技因素的资源，开展其因素内、因素间及其全局间的择优性、协调性的选用，对其所选用的所有因素资源，通过运用科学性、技术性、有序有效性的现代人工智能化的科技数字经济进行相应具体的腐蚀控制工程全生命周期全系统工程全集成的资源整合、配置的全过程中，制定出一套具有整体性、系统性、相互协调优化性、相互衔接、相互交织、相互支撑的全面综合程序性的标准，按此标准制定出从根本上全面抗拒、控制腐蚀工程的"矛"和"盾"的两种有效工程：一种全面建设和实施有效性地抗拒一切来犯之腐蚀工程于"从摇篮到坟墓"的一个全生命周期的整个过程之中的高质量铜墙铁壁式的、世界上没有什么东西能刺穿的屏障之"盾"工程；另一种就是全面建设和实施有效性的将腐蚀工程始终控制于"从摇篮到坟墓"的一个全生命周期的整个过程的被保护对象之外的世界上最锋利的之"矛"工程！实现有效抗拒、控制腐蚀工程造成的各种危害的最佳效益；出现无效抗拒、控制时，将及时报警，实现及时采取有效措施，杜绝或避免重大人身伤亡、财产损失、环境污染等事故的发生！

（2）腐蚀控制更是一项特殊而伟大的工程！

遵循腐蚀控制工程全生命周期研究、应用及其标准化的理论，贯彻相应的国际 ISO23123：2020《腐蚀控制工程全生命周期 通用要求》等的系列标准，提出了从根本上全面有效控制腐蚀问题的"矛"和"盾"的两种最佳办法和对策工程：一种就是按照国际腐蚀控制工程全生命周期相应标准，全面建设有效抗拒一切来犯之腐蚀于"从摇篮到坟墓"的一个全生命周期的整个过程之中的高质量铜墙铁壁式屏障之"盾"工程；另一种就是按照国际腐蚀控制工程全生命周期相应标准，全面建设有效将腐蚀始终控制于"从摇篮到坟墓"的一个全生命周期的整个过程之中的被保护对象之外的之"矛"工程！

这两种"盾"和"矛"之工程是当代国际上从根本上全面有效控制腐蚀给人类造成各种危害的最佳对策，是将造成的各种危害控制在最小程度，实现有效抗拒、有效保护；出现无效抗拒、无效保护时，将及时报警，实现及时采取有效措施，杜绝或避免人身伤亡、财产损失、环境污染等重大事故的发生。

附件 1：工程的本质与特征

一、工程的本质可以被理解为：工程是围绕着一个新的存在物的各种工程要素的集成过程、集成方式和集成模式的统一。

工程的结构
非科技要素
政治经济　科技要素　环境资源
文化　社会

简而言之，工程就是工程要素的集成过程。这种集成方式和过程是工程与科学和技术相区别的一个本质特点。工程要素的集成主要包括科技要素与非科技要素，工程是科技要素和非科技要素的统一体，这两类要素相互作用、相互制约，其中科技要素构成了工程的内核，非科技要素构成了工程的边界，包括资源环境、文化政治和经济社会等各种要素。

（一）技术要素的集成

1. 从要素的角度，技术是工程的基本组成：技术一般指根据生产实践经验和自然科学原理而发展成的各种工艺操作方法与技能，运用这些方法和技能所创造的一些产品，比如机器、硬件或工具器皿等通常也可以叫作技术。一项工程活动中，往往包含了多种技术，或者说，若干技术的组合便构成了工程的基本状态，技术是工程活动的基本要素。技术作为工程的要素具有以下特点：第一，局部性。技术总是工程中的一个子项或个别部分。除了技术之外，工程的实施还受很多非技术因素的影响。第二，多样性。工程中诸多技术有着不同的地位，起着不同的作用，它们之间往往存在着不同的功能。第三，不可分割性。不同的技术作为工程构成的基本单元，在一定的环境条件下，以不可分割的集成形态构成工程整体。

2. 从过程的角度，工程是技术的集成和物化：技术能力一旦转化为实际的操作过程、形成新的存在物的时候，就形成了工程。或者说当若干技术从观念形态向实物形态转化时，这就伴随着工程活动。所以，我们说工程总是与“物”的建造联系在一起，它必须要形成新的存在物。

比方说，建筑师在没有实施建筑之前，就已经掌握了足够的建筑技术，一旦当他将图纸、规划付诸实施，进行实际的建筑活动，那么这就是一项工程活动。当我们说生物技术的时候，它往往指的是各种方法、技能的体系；当我们说生物工程的时候，往往指的是通过各种生物技术的集成而构造一个新的存在物（比如一个目的基因片段）的过程。

工程作为技术的集成则具有以下特征：①统一性。工程是技术及其相互关联中产生的整体。②协同性（结构元素各自之间的协调、协作形成拉动效应，推动事物共同前进，对事物双方或多方而言，协同的结果使个个获益，整体加强，共同发展，导致事物向积极方向发展）。工程是由两个或两个以上的技术复合而成，不同技术之间具有相互协同关系。③相对稳定性。工程都是技术的有序、有效集成，不是简单加合，其结构和功能在一定条件下具有相对稳定性。

（二）非技术要素的集成

工程不仅集成"技术"要素，还集成"非技术要素"，是技术与社会、经济、文化、政治及环境等因素综合集成的产物。工程的成功与否也不仅仅是技术问题就能决定的，甚至更多的时候取决于非技术因素。比如，就某项特定工程而言，可以应用的技术可能有多种，在多种技术之中，有保守稳妥但效率较低的，有前卫先进但风险较大。如何选择实施工程的技术呢？可以形成很多不同方案，选择哪一种就涉及决策的问题，而决策则往往要更多地考虑经济因素、环境因素等等；再比如，已经有了一套成熟的方案，这个方案可以由不同的人或不同的团队去实施，这又涉及竞标的问题。

正因为工程活动有非技术因素的存在，所以，在整个的工程活动过程中，我们必须考察工程活动的边界。以工程目的为核心所涉及的所有相关因素都存在于工程活动的边界之内：它的内圈结构是指纯技术要素的集成与整合；它的外圈结构是指资源、知识、经济、社会、文化、环境、政治等相关要素。通常所讲的"边界条件"是指"外圈"所涉及的要素。一方面，当外圈结构（"边界条件"）变化的时候，技术要素的集成方式也会变化。另一方面，技术要素本身的状况和水平也改变和规定着与外圈结构要素之间的协调方式。一个没有污染处理技术的技术系统，它会恶化外圈结构要素的存在状态，同样，人类对环境问题的重视和普遍的可持续发展观，对当代工程的内在技术系统又提出了新的标准和要求。

二、工程的基本特征：工程科技是人类文明进步的发动机，工程活动已经成为社会文明的重要标志之一。概括和把握工程活动的基本特征，当然也是工程哲学研究的内在要求。

（1）工程的建构性和实践性：作为主观概念建构过程表现在工程理念的定位、工程的概念设计、工程蓝图的规划安排等主观建构过程。工程的实践性不仅体现在工程项目的物质建设过程中，表现为各种物质资源配置、加工，能量形式转化，信息传输变换的实践过程；更重要的是体现在工程项目建成以后的工程运行中。工程运行效果才反映工程建设的质量和水平。所以，工程建构、工程建设、工程运行是三位一体的工程整体现象。

（2）工程的集成性和创造性：任何一个工程过程都集成了各种复杂的要素，这种集成建构的过程就是工程创造、创新的过程。事实上，由于不同工程的"边界条件"不同，每个工程都是独一无二的，几乎没有完全相同的工程。尤其对重大工程而言，我们完全可以说：每一项重大工程都是创造的产物，其创造性往往体现在工程理念、工程设计、工程实施和工程管理等工程活动的全过程。

（3）工程的科学性和经验性：工程活动与高科技的联系越来越紧密，工程活动中各个环节所需要的知识都超出了个人的经验能力，都必须依据一定的科学理论，尤其是工程科学、系统科学的理论和方法。但同时，现代工程活动涉及的因素众多，关系复杂，需要考虑的外围因素越来越多，还要考虑到管理、组织等社会科学的要素以及环境科学的制约。所以，现代工程活动都必须建立在科学性的基础之上，但同时又离不开工程设计者和实施者的经验知识。

（4）工程的复杂性和系统性：随着科学技术的迅速发展，人类的工程活动无论在规模上，还是在复杂程度上，都达到了新的高度。工程系统自身的特点决定了它的复杂性特点。工程是根据自然界的规律和人类的需求规律创造了一个自然界原本并不存在的人工事物，所以，工程的系统性不同于自然事物的系统性，它是包含了自然、科学、技术、社会、政治、经济、文化等诸多因素。工程系统是在自然事物的复杂性基础上加上了社会和人文的复杂性，是这三个复杂性的复合。

（5）工程的社会性及公众性：工程活动是一个将技术要素和非技术要素集成起来的综合性的社会活动过程，任何工程项目都必须在一定时期和一定社会环境中存在和展开，是社会主体进行的社会实践活动。

首先，从整个工程过程分析来看，工程社会性表现为实施工程主体的社会性。工程师和工程共同体成员一起协同工作，在特定的工程流程、规范和方法的指导之下，有组织、有结构、有分工，大家协调配合，共同完成工程的建设。

其次，工程的社会性也表现出它的公众性特点。公众关注工程问题，主要是从个体所感受到的工程所带来的社会、经济、文化、环境、伦理等的正负面效应出发的，是从工程与个人生存、发展状况的关系的角度出发的。在推动社会公众全面理解工程的同时，争取社会公众对工程建构的参与、监督和支持是当代工程活动的一个重要环节。

（6）工程的效益性和风险性：工程实践都有明确的效益目标。在工程实践中，效益与风险是相关联的。

工程的风险性同时来自非科技要素和科技要素，非科技要素的风险因素为：

首先，来源于工程活动环节的复杂性。工程活动作为一个过程包括诸多环节，例如，决策、规划、设计、建设、运行和维护、管理等，不同的环节都由不同的社会群体来完成，每一个建设者和参与者不可能都对工程建设进行科学和准确的考虑，诸多环节也不可能完全做到科学、准确和无偏差的整合。

其次，来源于工程利益相关者的矛盾。工程涉及政府部门、企业、工程专家技术人员、工人、社区环境中的居民等多方利益相关者，往往存在诸多利益冲突，使得工程人为地存在着不安全和风险性。

最后，来源于工程边界各要素间的矛盾冲突。工程的边界包含了资源环境、政治文化、经济社会等各个要素，对于现代工程而言，不仅要考虑其经济效益，而且必须协调经济与其他边界要素的关系。而在具体的工程实施过程中，这些边界要素间常常会发生冲突和矛盾，从而带来风险隐患。科技要素的风险性主要来源于三个方面：

一是，科学知识本身的局限性和不确定性；

二是，当代科技风险的特殊形态［参考上述（4）］；

三是，当前科技水平的限制。

附件2

一、揭示"腐蚀"的本质　穷力开创从根本上全面有效控制腐蚀新纪元

标准既是新质生产力、高质量发展的基础，更是新质生产力、高质量发展的引擎，同时新质生产力、高质量发展又是积极制定标准、贯彻标准、实施标准的动力或动能，特别是"腐蚀控制工程全生命周期的研究、应用及其标准化"理论的创建，可以说是当代人类千百年来前无古人的里程碑式的最新、最重大的科研创新成果！是从根本上全面有效控制腐蚀的基础和引擎！是直面腐蚀、直白腐蚀，以腐蚀为对象，立足全球全局的高度，集全世界针对造成腐蚀溯源的所有因素（直接腐蚀源因素、间接腐蚀源因素、环境腐蚀源因素、过程中产生新的腐蚀源因素），实施从根本上全面有效控制造成腐蚀溯源的所有因素的相关科技因素和非科技因素的资源之大成，对其中能够适应抗拒、控制造成相应某一具体的腐蚀工程的所有根源因素，并在确保人身健康和生命财产安全、国家安全和生态环境安全经济运行的基础上，求得经济、全生命周期和绿色环保最佳效益的全过程链条上（如目标、腐蚀源、材料、技术、设计、研发、制造、施工与安装、贮存与运输、调试与验收、运行、保养与维修、延寿与报废、文件与记录、资源管理、综合评估等）的所有科技因素和非科技因素的资源，开展其因素内、因素间及其全局间的择优性、协调性的选用，对其所选用的所有因素资源，通过运用科学性、技术性、有序有效性的现代人工智能化的科技数字经济进行相应具体的腐蚀控制工程全生命周期全系统工程全集成的资源整合、配置的全过程中，制定出一套具有整体性、系统性、相互协调优化性、相互衔接、相互交织、相互支撑的全面综合程序性的两大腐蚀控制工程全生命周期的主体标准体系和相应的保障标准体系，并不制定上述所说的人类已经或将要制定、研发的从根本上全面控制的所有相关的科技因素和非科技因素中的标准，而是开展对这些因素中的标准、技术、管理等全球资源的优化配置、整合、集成为"好钢用在刀刃上"，充分发挥出人类所研发的科研成果、标准、技术、管理等所应有的伟大作用：

1. 目标：实现从根本上全面有效控制腐蚀的新纪元。

2. 制定腐蚀控制工程全生命周期标准化体系：具有整体性、系统性、相互协调优化性、相互衔接、相互交织、相互支撑的全面综合程序性的腐蚀控制工程全生命周期的主体标准体系和相应的保障标准体系。

（1）腐蚀控制工程主体标准体系中的所有主体标准必须具有科学性、适用性、时效性、有效性和完整性；

（2）腐蚀控制工程相应的保障标准体系中的所有保障标准能够确保相应的主体标准始终、持续实现其科学性、适用性、时效性、有效性和完整性；

（3）主体标准体系是国际腐蚀控制工程全生命周期标准化体系中的主体，其保障标准体系是确保主体标准化体系能够持续其科学性、适用性、时效性、有效性和完整性的运转实施的前提和保证，二者相互协调、相互支撑、相互促进。保障标准体系是确保主体标准化体系能够持续其科学性、适用性、时效性、有效性和完整性运转实施的前提和保证。

3. 两个工程：建造和实施从根本上全面抗拒、控制腐蚀的"矛"和"盾"的两种有效工程。

（1）依据上述相应标准体系建造和实施有效性地抗拒一切来犯之腐蚀于一个全生命周期的整个过程之中的高质量铜墙铁壁式的屏障之"盾"工程；

（2）依据上述相应标准体系建造和实施有效性的将腐蚀始终控制于一个全生命周期的整个过程中的被保护对象之外的之"矛"工程！

4. 两个结果：

（1）精准实施两大"矛"和"盾"的工程，达到最佳有效抗拒、控制腐蚀造成的各种危害的结果；

（2）出现无效抗拒、控制时，即报警，采取有效措施，达到杜绝或避免人身伤亡、财产损失、环境污染等重大事故发生的结果！

5. 目标：为全人类实现一个安全、美丽、生态文明和幸福生活的地球家园做出贡献！

二、从根本上全面有效控制腐蚀的设计：

1. 首先弄清楚从根本上全面控制的"腐蚀"在什么地方？控制腐蚀的目的是保护事物或工程以面积为标志不被腐蚀所侵害的全部面积！那么所要控制的"腐蚀"就在事物或工程的所有面积上，但是，所有面积上不同的地方所受到"腐蚀"侵害的程度一般也都是不一样的，所以就要根据造成"腐蚀"侵害程度不一样的腐蚀源的因素，优选和建造出相应不一样的若干个需要的"矛"和"盾"的科学技术和非科学技术的控制、抗拒腐蚀工程，从根本上全面对这些造成腐蚀的腐蚀源的因素实施精准地控制、抗拒！

2. （1）达到最佳有效抗拒、控制腐蚀造成的各种危害的结果；

（2）无效抗拒、控制时，即报警，采取有效措施，达到杜绝或避免人身伤亡、财产损失、环境污染等重大事故发生的结果！

3. 同时，制定出相应若干个有效性的评价技术实施评价监督！

4. 从根本上全面控制特殊性的腐蚀工程的流程图如下：

从根本上全面控制特殊性的腐蚀工程				
在建、在役装置被保护腐蚀的面积S				
腐蚀源	直接腐蚀源	间接腐蚀源	环境腐蚀源	过程中产生新的腐蚀源
抗拒相应腐蚀源，在确保人身健康和人民生命财产安全，国家安全和生态环境安全的经济社会运行底线的基础上，达到经济、长生命周期运行和绿色环保	a.	a.	a.	a.
	b.	b.	b.	b.
实现有效控制，有效保护，达到腐蚀控制工程全生命周期的最佳效益；出现无效控制、无效保护时，将及时报警，实现及时采取有效措施，杜绝或避免重大人身伤亡、财产损失、环境污染等事故的发生	c.	c.	c.	c.
	…	…	…	…

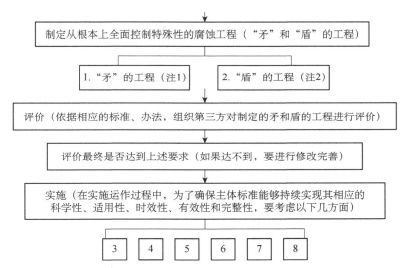

注：①"矛"的工程：主动性的有效将腐蚀始终控制于"从摇篮到坟墓"的一个全生命周期的整个过程于被保护存在物之外的世界上最锋利的工程之"矛"；②"盾"的工程：被动性的有效抗拒一切来犯之腐蚀"从摇篮到坟墓"的一个全生命周期的整个过程之中的高质量铜墙铁壁的屏障，世界上没有任何东西能刺穿的工程之"盾"；③标准化实施管理体系；④戴明环（PDCA）和朱兰的整体运作；⑤鱼骨图（人机料法环）评价；⑥人才资源管理方法；⑦贯彻 ISO23222：2020 和《腐蚀控制全生命周期工程专业技术监理》；⑧标准化体系应用指南

ISO/TC156/SC1 第八次年会决议 ISO/TC156/SC1 Resolution 2024-02

接受了中国代表做的腐蚀控制工程全生命周期专题报告。

附九   关于授予任振铎同志"中国腐蚀控制行业最高成就奖"的决定

中国工业防腐蚀技术协会

[2020]中腐协字第（066）号

关于授予任振铎同志"中国腐蚀控制行业最高成就奖"的决定

任振铎同志1992年12月到防腐蚀技术协会工作以来，历任秘书长、副会长、会长、名誉会长。主持协会工作二十多年来，他以"腐蚀控制大国梦、强国梦"为己任，怀着深厚的家国情怀，牢记使命，忠贞不渝，勇于担当，不断追求卓越。他倡导的"科技防腐、绿色防腐、智能防腐"已经成为行业的共识和行动指南。特别是在他领导的团队向国际标准化进军的历程中，放眼全球，倾注全力，精心策划，攻坚破难，实现了一系列的重大突破。2016年，经国际标准化组织批准成立国际腐蚀控制工程全生命周期标准化技术委员会并授权中国担任秘书国。2020年11月3日由中国主导、引领制定的《腐蚀控制工程全生命周期 通用要求》、《管道腐蚀控制工程全生命周期 通用要求》、《腐蚀控制工程全生命周期 风险评价》等三项国际标准，经国际标准化组织批准并成功向全世界发布。这是一项具有国际性、前瞻性、综合性、跨学科的工程科技创新重大成果，是国际腐蚀控制领域中具有里程碑意义的重大创举。

在腐蚀控制行业的形成和创新发展中，在国际标准化领域取得重大成果的全过程中，任振铎同志功勋卓著，被大家誉为腐蚀控制行业形成的倡导者，腐蚀控制工程全生命周期理论的奠基者，腐蚀控制标准进入国际舞台的引领者。

为表彰任振铎同志为腐蚀控制行业做出的杰出贡献，特授予他"中国腐蚀控制行业最高成就奖"。

希望腐蚀控制行业的广大干部职工，以任振铎同志为榜样，发扬"学习、创新、奋斗、引领"的担当精神，共同努力，共克时艰，在行业高质量发展新征程中，创出新业绩，做出新贡献。

国际腐蚀控制工程全生命周期（ISO/TC/SC）中国专家组
国际腐蚀控制工程全生命周期标委会（ISO/TC/SC）秘书处
国际腐蚀控制工程全生命周期标委会（ISO/TC/SC）国内技术归口单位
2020年12月8日

参考文献

邵华，2021. 工程学导论. 北京：机械工业出版社

钟琼仪，1980. 科学家小传. 防腐包装，(3)：63-64

钟琼仪，1980. 大气腐蚀研究的历史概况. 防腐包装，(1)：1-8

钟琼仪，1980. 电镀与腐蚀科学. 防腐包装，(2)：25-28

钟琼仪，1981. 美国腐蚀工程师协会概况. 防腐包装，(3)：61-64

钟琼仪，1982. 比利时腐蚀研究中心. 防腐包装，(2)：54-56

钟琼仪，1982. 苏联腐蚀科学研究概况. 防腐包装，(4)：54-56

钟琼仪，1983. 腐蚀与防腐科学技术史话(1). 防腐包装，(1)：49-53

钟琼仪，1983. 腐蚀与防腐科学技术史话(2). 防腐包装，(2)：55-64

钟琼仪，1983. 腐蚀与防腐科学技术史话(3). 防腐包装，(3)：52-56

Baboian R，2005. Corrosion Test and Standards. ASTM International.

H. H.尤里克，R.W.瑞维亚，1994.腐蚀与腐蚀控制——腐蚀科学和腐蚀工程导论. 翁永基，
译. 北京：石油工业出版社

Kreysa G, Schütze M, 2008. Corrosion Handbook. Wiley-VCH, 1-13

M.G.方坦纳，N.D.格林，1982. 腐蚀工程.左景伊，译. 北京：化学工业出版社

Peabody A W，Bianchetti R L, 2003. 管线腐蚀控制. 中国腐蚀控制技术协会组织编译.

后记一

　　《现代腐蚀学——腐蚀控制模板》的出版，是腐蚀控制领域中一件具有里程碑意义的大事。这是多年以来，任振铎及其团队始终站在世界经济一体化的高度，以工程全生命周期标准化工作为契机，持之以恒拓展国际交流与合作，不断总结提炼形成的行业硕果。

　　本书将"腐蚀"定位于"一项极为特殊的伟大工程"，"极为特殊的伟大工程"来源于他们的卓越实践、持续创新的伟大创举，主要体现在四个方面。

　　第一，两次更名见证责任担当。这不是一个简单的更名，是协会的与时俱进，是对现代腐蚀学的再认识，是不断适应新时代新要求的责任担当。最初协会取名中国化工防腐蚀技术协会，2004 年更名为中国工业防腐蚀技术协会，服务领域从化工局部领域扩展到整个工业；2021 年又经民政部批准更名为中国腐蚀控制技术协会，使得协会覆盖领域、服务范围更加符合"腐蚀"的本质、特性和属性。在两次更名的过程中，冲破各种阻力、克服各种困难，所需要的定力、毅力一般人难以企及；没有强烈的家国胸怀和责任担当，是不可能实现的。

　　第二，行业进步再塑产业形象。以往年代，在化工厂工作过的同志都知道，防腐车间在工厂里面是一个辅助性、服务性的单位。国内的防腐企业，多以施工为主，规模小，技术含量低，在工业体系中没有地位，没有得到应有的重视和支持。伴随改革开放的时代潮流，各行各业进入高质量发展新阶段，特别是在重大安全生产事故的认真总结和深刻反思的过程中，在腐蚀控制技术协会的正确引领下，经过大家的共同努力，"中国腐蚀控制人"走出了一条"科技防腐、绿色防腐、智能防腐"的特色之路，把原先辅助性、附属性、服务性的行业，逐步提升为产、学、研一体化科技工程的独立存在、不可或缺的战略性新兴产业，快速成长为具备国际性、引领性、前瞻性的亮眼行业。

第三，标准编制体现中国智慧。 近几年来，由腐蚀控制技术协会主导制定颁发的国家标准有 51 项，主导制定颁发国际标准 6 项。在各位老领导和国家相关部门的大力支持下，腐蚀控制技术协会经过艰苦的努力，赢得了"腐蚀控制"的国际话语权。中国被国际相关组织授权为国际腐蚀控制工程全生命周期标委会秘书国，国家委托中国腐蚀控制技术协会履行秘书处的职责，同时代表国家以积极成员国的身份参加国际的相关活动会议。这项授权，得到全世界 ISO 的 172 个成员国的认可，这是一个什么样的难度？振铎同志及其团队付出的心血和努力是可想而知的。

第四，新书出版提供行业指南。 本书由振铎同志提议出版，并全身心投入完成。振铎同志从事腐蚀控制事业几十年，深入研究和剖析国内外腐蚀领域的正反典型案例，对其经验教训进行了深刻的总结、研究和思考。在此基础上，对国内外有关"腐蚀"理论著作做了系统的研究，更重要的是从腐蚀控制应用技术、有效控制出发，对"腐蚀"做了较为准确和科学的定义，提出了腐蚀控制技术的主要运用领域和范围，提供了有效控制腐蚀的解决方案和实现路径。这是一本有很高科学理论水平和应用指导价值的著作，也是一本从事腐蚀职业的必备入门教科书，更是一个从事腐蚀控制科研人员和工程技术人员专业素质和创新能力全面提升的行动指南。

本书的主编任振铎同志，几十年如一日呕心沥血，为腐蚀控制行业的再造、新质生产力的培育，以及深化改革和高质量发展，付出了自己的智慧和力量。在协会成立 35 周年的时候，给振铎同志颁发终身成就奖的表彰决定中写道：在腐蚀控制行业的形成和创新发展中，在国际标准化领域取得重大成果的全过程中，任振铎同志功勋卓著。他所带领的队伍非常精干，非常敬业，为国际腐蚀控制业做出了里程碑式的贡献；他被大家誉为倡导者、奠基者、引领者，即腐蚀控制行业形成发展的倡导者，腐蚀控制工程全生命周期理论的奠基人，腐蚀控制标准进入国际舞台的引路人。

《现代腐蚀学——腐蚀控制模板》的出版，是"腐蚀控制"理论和实践系统性、整体性的创新和升华，是展现给人类的宝贵财富，利在当代，功在千秋。让我们"中国腐蚀控制人"，认真阅读这本书，借鉴新的腐蚀理论与科学实践的成果，为腐蚀控制产业的高质量发展，贡献中国智慧、中国方案和中国力量，在新的征程中再立新功。

王印海

中国腐蚀控制技术协会资深会长、中国化工集团公司原党委书记

后记二

  拿到现代腐蚀学初稿后，一口气读完，感到十分振奋，存在心中的许多疑团得到化解，深深感到，这是任振铎带领的中外腐蚀人，花费多年心血，几十年磨成的一剑！

  本书构成了腐蚀工程领域完整的知识体系。本书全面系统地阐述了腐蚀的本质、对社会的影响，形成了系统的解决方案。澄清了工程概念，不仅对掌握腐蚀问题有促进作用，也对类似工程问题具有指导作用。是工程领域的一大贡献。是腐蚀工程历史上重要里程碑。

  本书开启了腐蚀领域从表象层面到本质层面的跨越，从零散知识到系统知识体系的转变，从学科边缘到学科主流的跨越，它必将成为腐蚀工程领域历史节点上的重要标志，是未来腐蚀工程的方向标。本书还结合数智化大趋势指出未来发展方向，阐明了全球腐蚀领域的研究者、企业家、工程技术人员明确的奋斗目标、路径，描绘了腐蚀工程的美好前景。

  我相信，腐蚀领域同仁只要吃透本书的精髓，积极践行本书的观点，未来腐蚀工程将成为一个举足轻重的行业，为经济社会高质量发展保驾护航。

崔　钢

国家市场监管总局标准创新管理司原司长、特种设备局原局长

后记三

腐蚀现象司空见惯，因而人们见怪不怪。对于其造成的破坏和损失漠然处之，视为正常现象。其实这是经济建设，特别是工业生产中的一大隐患。中国腐蚀控制技术协会（以下简称"腐蚀控制协会"）在创始人任振铎先生的领导下，对此进行了专题研究，经过几十年的努力，不但深入研究了各类腐蚀现象，系统分析了腐蚀原因，还提出了一系列腐蚀控制措施，并制订了腐蚀控制工程国际标准体系，使人们对腐蚀的危害性和腐蚀控制的重要性有了全新的认识，从而引起了广泛重视。这对我国的工业发展是一大贡献，功不可没。

现在，任先生又组织协会同仁，在总结实践经验的基础上，撰写了《现代腐蚀学——腐蚀控制模板》一书，从现代化角度全面系统地对腐蚀问题进行了深入、浅出、详细的阐述。书中全面系统地讲述了腐蚀的特性、危害、腐蚀的来源、腐蚀控制的发展概史、腐蚀工程、腐蚀控制模板等有关问题，并制定了腐蚀控制工程全生命周期标准化两体系的标准。这是腐蚀控制协会根据七十多年在实际生产一线所处理解决上万件因腐蚀造成的各种类型的安全、质量事故的基础上所积累的实践经验，在此基础上加以理论升华的总结。书中特别提出了实现智能化的现代化管理的要求，把腐蚀控制工作的管理推向了现代化。

腐蚀控制协会本来只是一个化工行业的专业协会，后来发展为全国工业防腐蚀技术协会，现在又成为国际性的协会，得到了众多国外腐蚀学术组织的支持。21世纪20年代初，由中国腐蚀控制技术协会发起成立了国际腐蚀控制工程全生命周期标准化技术委员会，中国被授权为秘书国，秘书国的秘书处国家委托腐蚀控制技术协会承担。该委员会自创立以来，制定了一系列的腐蚀控制工程标准，包括 ISO23123：2020《腐蚀控制工程全生命周期通用要求》、ISO 23222：2020《腐蚀控制工程全生命周期 风险评估》、ISO 23221：2020《管道腐蚀控制工程全生命周期 通用要求》、ISO24239：2022《火电厂腐蚀控制工程全生命周期 通用要求》等，并先后在韩国、法国、日本、中国（线上三次）、瑞士、美国成功地召开了八次国际会议上，每一次会议上，中国专家组所作的主题报告都是对腐蚀控制工程全生命周期理论的不断加深阐释和论证，为高质量国际标准的制定、国际腐蚀控制工程全生命周期的实现，提供了可靠正确的现代腐蚀学理论的指导，最终形成了现代腐蚀学——腐蚀控制模板。这是很有创造性的一大举措。

国际腐蚀控制工程全生命周期标准化技术委员会包括两大标准管理体系，一是标准化实施运作人才管理体系，这是应用行为科学的人才资源的管理方法，确保主体标准能够持续实现其相应的科学性、适用性、时效性、有效性和完整性的管理职责！二是标准化实施运作监督监理体系，这是应用贯彻 ISO 23222：2020《腐蚀控制工程全生命周期 风险评估》和《腐蚀控制全生命周期工程专业技术监理》两个标准，确保主体标准能够持续实现其相应的科学性、适用性、时效性、有效性和完整性的实施管理职责！这是指导人类如何应用和实施"从根本上全面控制腐蚀"国际问题的答案，以确保主体标准体系的相应标准能够实现其相应的科学性、适用性、时效性、有效性和完整性。书中特别强调了实现智能化的现代化管理的重要性，并罗列了系统集成行业包含的五个要素。

本人粗略浏览《现代腐蚀学——腐蚀控制模板》一书，深感这是所有从事腐蚀工作的从业人员必读之书，应用指南之书，工业部门和企业管理人员也都值得一读。

朱永涛

原化学工业部生产协调司司长、中国化工企业管理协会原常务会长兼秘书长

后记四

本书最重要的是揭示了腐蚀和工程的本质，同时研发出了从根本上全面有效控制腐蚀"被动"和"主动"防护的两大工程，形成"腐蚀控制的模板"，实现最佳有效腐蚀控制、无效自动报警，开创了腐蚀控制领域的新纪元。并在研究总结古今中外腐蚀控制历史与科学成果的基础上，撰写了《现代腐蚀学——腐蚀控制模板》专著。应该说，这是人类又一项重大成果，从而有望能够从根本上彻底杜绝因为腐蚀而产生的各类工程事故，显著减少人员伤亡和财产损失以及对生态环境影响。

"被动"与"主动"相结合，实际是一种哲学思维。中国自古以来就有这种思维模式。人祖伏羲就强调了"阴、阳"；释迦牟尼佛也将客观世界分为俗界和法界；马克思哲学也分物质与精神；工程技术实际上也有技术与科学。比如传统的技术，也可以做的很坚固，像故宫太和殿的木结构，英国人把它缩小 1/12，制成木结构的模型，上抗震实验台振动，把实验台的最大参数都输入进去，太和殿还是不倒塌的，这个案例是基于几千年来的工程经验，但它还不是科学。科学可能就要通过力学计算它的抗水平力和相应的抗震等级，要用设计的方法。本书中提到的马王堆现象也是这样，古人很聪明，能够将尸体保护得非常好，皮肤柔软甚至皮下组织还没有完全坏死，这也是基于很多经验，但还不够科学，不一定能够复制推广。与单纯的经验不同，腐蚀控制可以通过这个模板或公式，能够进入科学的阶段，在这个领域实现科学化，就能够复制和推广。

在其他众多领域，人们如果能够认识到这种思维方式，真正认识到阴与阳，认识到白天与黑夜，有形与无形等，很多问题就有可能得到全面解决，包括人体的健康，很多疾病都会得到控制。所以为什么习近平总书记强调要发扬中医，并明确指出：中医药学是中国古代科学的瑰宝，也是打开中华文明宝库的钥匙。这大概更多的是要增强文化自信，要用到这种思维方法，而这思维方法在腐蚀控制这个领域应该说是得到了很明显的体现。

大亚湾核电站的元老级人物皆元龙老先生，他的深刻体会认为：核发电技术，从核原料、核控制到发电技术，一切都能够控制，一切都心里踏实，只有这种看不见的无形的管网设备的腐蚀，心里没有底、提心吊胆、睡不着觉、捏一把汗。本书深刻认识并揭示了腐蚀、工程的本质，将"腐蚀"科学地定位是一项极为特殊而伟大的工程，在此基础上，创造性地提出了制约腐蚀、控制腐蚀的"矛"和"盾"的两大工程，继而形成了现代的腐蚀学的腐蚀控制模板！本书从理论、实践、应用都作了比较详细的记载、概况、说明和阐述。这不仅从纵观历史方面，还是从宏观世界方面，都无不认定这是对国际腐蚀界的一项史无前例的重大工程科技的颠覆和创新！实现从根本上全面最佳有效控制腐蚀，无效自动报警，完全能够帮助人们走出心中无底、无数而提心吊胆、捏一把汗的困境。

众所周知，释迦牟尼佛在菩提树下禅定七七四十九天，实际上第 7 天他就明白了宇宙真相，但是他用了 35 天来总结、分析、梳理自己的思路，形成理论体系；六祖慧能禅师也是 3 年就悟出了宇宙真相，但是又隐世修行了十几年，以提高将自己的认识传达推广出去的能力。《现代腐蚀学——腐蚀控制模板》的出版同样如此，要把腐蚀、控制模板科学地介绍给大家，同时还需要做大量的宣传、实施和贯彻工作，还需要编一系列的教材，开展培训与教育，特别需要按照国际标准要求完善综合设计、相关的施工配套、设备生产和材料生产，构建一个新的供应链和产业链等，多方面齐心协力，共同为提高人类腐蚀控制水平，杜绝因腐蚀给人类造成的危害、大幅度实现低碳可持续发展、实现中国式现代化做出应有的贡献！

韩爱兴

住房城乡建设部科技司、标定司原副司长，

中国城市科学研究会城市老旧小区改造专业委员会总顾问

后记五

千百年来，人类同腐蚀的斗争、对腐蚀的认识过程，基本上都是围绕着腐蚀作用、腐蚀结果等现象展开，从而导致在解决腐蚀问题时，仅仅从某一个方面入手，头疼医头，脚疼医脚，不能从根本上全面解决腐蚀问题，导致腐蚀重、特大事故不停发生，典型的腐蚀事故如"11·22"中石化东黄输油管道腐蚀泄漏爆炸特别重大事故、"6·13"湖北十堰燃气腐蚀爆炸事故，造成了重大经济损失、人身伤亡事故和环境破坏。

《现代腐蚀学——腐蚀控制模板》在总结几千年来对腐蚀认识的基础上，首次厘清了腐蚀的本质，认清了引起腐蚀的四大腐蚀源，创立了腐蚀控制工程全生命周期理论，提出了从根本上全面控制腐蚀的模板：两个目标—两个工程—两个体系—两个结果，这一模板已在秦山核电厂成功应用30年，通过延寿和智能化改造可以再使用20年。

理论和实践证明，《现代腐蚀学——腐蚀控制模板》是从根本上全面有效控制腐蚀的根本措施，结合本书的出版、发行，在腐蚀控制行业开展《现代腐蚀学——腐蚀控制模板》学习、贯彻活动，结合协会、研究院的工作，编制详细的培训教程、制定考核标准，在腐蚀控制工、工程师、责任工程师、项目经理、安全员培训、质保工程师等的培训中作为讲授内容，通过培训、取证，全员、全面、全过程、智能化解决腐蚀引起的经济损失、生命财

产和环境污染等重大问题是本院义不容辞、责无旁贷的一项长期的战略性的

伟大、光荣、艰巨职责和任务！

王贵明

中蚀国际腐蚀控制工程技术研究院院长

后记六

　　《现代腐蚀学——腐蚀控制模板》的面世无疑是国内外腐蚀与腐蚀控制界具有历史性里程碑意义的一件大事。最近有幸读到本书的出版初稿，非常振奋，尤其是拜读了几位德高望重的老领导、老专家对本书出版所作的高度评价更是欢欣鼓舞，作为腐蚀与腐蚀控制界的一位"老兵"，亲身经历和见证了中国腐蚀控制技术协会的成立、成长、发展、壮大的全过程。

　　四十载弹指一挥间，协会从开始成立，从无到有，从小到大，至今已走过近四十年的历程，现发展已进入鼎盛时期，正引领全国乃至世界腐蚀控制界开创新的发展阶段。本书的内容足以说明这一点，非常值得从事腐蚀与腐蚀控制领域从业人员应用必备，是必读指南和工具之书。

忻英娣

中国腐蚀控制技术协会创始主要负责人、原副秘书长